移动情境感知环境下的
用户行为分析与模式挖掘

刘彩虹 著

清华大学出版社

北京

内 容 简 介

本书从移动情境感知视角探究用户行为模式。研究覆盖个体、群体、社区三类用户,提出四种行为模式挖掘方法。

在个体层面,本书通过嵌套键值模型与自适应挖掘法,构建效用评估机制实现序列推荐;在群体层面,本书以城市居民通勤为切入点,构建框架与算法,揭示其行为规律及与城市空间结构的关联,助力城市规划;在社区层面,鉴于传统方法的局限,本书提出基于网络社区检测的语义轨迹聚类算法,考量情境多维度特性,提升聚类准确性。上述研究成果在情境感知个性化服务、计算社会科学等领域作用显著,尤其在旅游等行业应用前景广阔。

本书适用于从事计算机科学、数据分析、人工智能研究的专业人员,高校相关专业师生及科研人员。

图书在版编目(CIP)数据

移动情境感知环境下的用户行为分析与模式挖掘/刘彩虹著. -- 北京:清华大学出版社,2025.9. -- ISBN 978-7-302-70262-7

Ⅰ. TP393.08;C912.6

中国国家版本馆 CIP 数据核字第 2025RM7752 号

责任编辑:贾 斌 左佳灵
封面设计:何凤霞
责任校对:李建庄
责任印制:刘海龙

出版发行:清华大学出版社
    网   址:https://www.tup.com.cn,https://www.wqxuetang.com
    地   址:北京清华大学学研大厦 A 座   邮 编:100084
    社 总 机:010-83470000   邮 购:010-62786544
    投稿与读者服务:010-62776969,c-service@tup.tsinghua.edu.cn
    质量反馈:010-62772015,zhiliang@tup.tsinghua.edu.cn
    课件下载:https://www.tup.com.cn,010-83470236
印 装 者:大厂回族自治县彩虹印刷有限公司
经 销:全国新华书店
开 本:170mm×230mm   印 张:9.5   字 数:176 千字
版 次:2025 年 9 月第 1 版   印 次:2025 年 9 月第 1 次印刷
印 数:1~1000
定 价:69.00 元

产品编号:108082-01

　　近年来,随着全球定位系统、无线移动通信技术和无线网络等定位追踪技术的快速发展和智能终端的普及应用,人们的工作和生活模式发生了极大的变化,同时也产生了移动对象的位置数据和轨迹数据。这些数据资源蕴含着大量的信息,迫切需要研究者对其进行有效的分析与挖掘,从而将所得的知识应用于实际的决策支持。本书着重从移动情境感知环境下的用户行为模式挖掘方法展开研究,主要研究内容和成果包括以下几方面。

　　(1)移动情境感知环境下的个体用户行为模式挖掘方法。为了解决个体用户行为模式挖掘中情境的多样化和动态化等特点带来的问题,本书提出了一种移动情境感知环境下的用户行为模式挖掘算法。该方法采用一种嵌套键值模型,对多源异构的移动情境感知信息进行有效融合和存储,提出了基于规则的多维序列模式挖掘算法及其改进算法,能够从用户移动情境感知信息和交互行为中发现全局频繁和局部频繁的用户行为模式,识别用户长期保持的行为习惯和兴趣偏好,以及近期习惯和偏好的变化趋势。基于真实数据集的实验结果表明,本书所提出的模型和算法能够有效地发现用户长期生活规律和近期偏好的变化,有助于企业开展个性化精准营销,促进情境感知服务商业模式的持续发展。

　　(2)移动情境感知环境下的 Top-N 高效用个体用户行为模式挖掘方法。为了解决个体用户行为模式挖掘中缺少考虑模式对个体收益的影响的问题,本书以网约出租车驾驶员高效用运营行为模式挖掘为例,提出 Top-N 高效用个体用户行为模式挖掘算法,结合驾驶员当前情境识别高预期收益的载客订单;通过对出租车历史运营数据中载客起讫点的位置坐标数据进行时空聚类,识别城市中出租车载客的时间和空间分布特征;以当前载客起点为根节点构建高效用序列树,并采用节点效用和路径效用两个剪枝策略减少候选集的产生;结合高效用序列树和实时情境构建可动态更新的载客订单推荐算法,以提高出租车驾驶员的预期收益。真实数据集上的实验结果表明,高效用载客订单挖掘算法能够有效地识别高效用序列，可以为提高出租车驾驶员的预期收益提供决策支持。

（3）移动情境感知环境下的群体用户行为模式挖掘方法。为了解决群体用户行为模式挖掘中缺少考虑群体用户行为与城市空间结构密切相关的问题，本书以城市居民通勤行为模式挖掘为例，提出一个城市居民通勤行为模式挖掘框架，研究出租车运营轨迹蕴含的城市居民通勤行为模式以及通勤行为与城市的空间结构之间的关联性；构建一种增强的空间聚类算法，对经网格映射后的出租车载客起点和讫点进行聚类；提出工作居住指数，将聚类后的区域功能特征划分为居住区、中立区和工作区，分析城市居民的通勤行为模式与城市空间结构之间的关联性；基于居民通勤距离和通勤数量将城市居民通勤划分为高频短途、高频长途、低频短途和低频长途四种模式，分析城市居民通勤行为模式的时空特征。基于真实出租车运营数据集的实验结果表明，本书提出的分析框架、聚类算法能够有效地从多维异构的出租车运营轨迹数据中挖掘出城市居民通勤行为模式，可以为城市规划和城市交通监管提供决策依据和参考。

（4）移动情境感知环境下的社区用户行为模式挖掘方法。为了解决社区用户行为模式挖掘中轨迹聚类算法忽略轨迹之间的语义关系的问题，本书提出一种基于网络社区检测的语义轨迹聚类算法，可以从网络的角度更好地度量轨迹的语义相似性，捕捉轨迹之间的局部关系和全局关系，获得较高质量的轨迹聚类效果；构建一种泛化的语义相似度函数，用来度量语义轨迹之间的相似性；构建相似性矩阵，再利用相似性矩阵构建网络，从而将语义轨迹转换为语义轨迹网络；利用社区检测算法来划分轨迹网络，得到轨迹的社区划分。真实语义轨迹数据集的数值实验结果表明，本书提出的相似性度量方法、轨迹聚类算法能够有效地捕捉语义轨迹的相似性、挖掘语义轨迹的聚类信息，发现相同兴趣爱好者社区的活动规律和兴趣偏好，识别社区用户的行为模式，可以为智慧旅游和社交网络等提供智能决策辅助。

本书针对轨迹数据的异构性、序列性、层次性、时空同步性和语义性等诸多特性，提出涉及轨迹数据表示、相似性度量方法、效用函数、频繁序列模式、高效用模式和聚类算法等移动情境感知环境下的用户行为模式挖掘方法。本书所获得的关于用户行为模式挖掘的研究成果可以辅助企业制定营销策略、协助政府制定政策以及加强社会服务设施智能监管等。本书由 2024 年度大连外国语大学出版基金、2022 年辽宁省博士科研启动基金计划项目资助。

作　者

2025 年 4 月

主要符号表

符　　号	代　表　意　义
e	事件
Seq	序列
SeqConf	序列置信度
SeqSup	序列支持度
R	规则集
Cand_k	k 项候选集
Freq_k	k 项频繁集
tr	轨迹
o	轨迹起点
d	轨迹讫点
WRI	工作居住指数
ρ	局部密度
δ	高密度距离

目录

CONTENTS

图目录

表目录

第1章

绪　　论

本章将概述研究背景,探讨主要研究问题及其在理论和实践中的重要性,并对本书涉及的研究工作进行了总结和梳理,包括移动情境感知计算、用户行为模式挖掘和轨迹数据挖掘三方面,同时,指出了现有研究中存在的不足。最后,简要介绍了本书的研究内容、架构和思考路径。

1.1　研究背景与意义

1.1.1　研究背景

在科学研究领域,人类行为的自我认知与理解始终占据着核心地位,成为不断探索的焦点。伴随着智能移动终端设备和无线传感网络等前沿技术的迅猛进步,情境感知计算已经悄然渗透到大众日常生活环境中,显著拓宽和提升了人类收集、分析和利用行为数据的广度和深度。为了全面剖析个体、群体和社会层面的行为活动规律与模式,学术界引入了计算社会科学这一新兴领域[1-2],通过遍布人类生活空间中种类繁多的传感设备,实现了实时感知、识别社会个体的行为,分析、挖掘社会群体的交互特征和规律,有效促进和强化个体、群体的社会互动、沟通和协作[3]。此等对人类行为及其机制的科学理解,对于缓解交通压力、遏制疾病蔓延、优化公共资源分配等方面具有不可估量的价值,旨在全面提升社会公众的生活质量水平。

情境认知计算,作为计算社会科学领域内一个紧密交织的研究分支,其概念雏形可追溯至 B. Schilit 等学者[4]在 1994 年的开创性工作,然而,时至今日,关于情境的具体界定依旧未能达成跨领域的普遍共识,不同领域的研究学者依据其独特的应用背景阐发了多样化的定义。目前普遍公认的是由 Dey 等[5]从系统构建与实现的角度提出的定义:情境是描述一个实体状态的任何信息,实体可以是与用户和(或)应用程序交互过程相关的人、地点和(或)实物(包括用户和应用程序本身)。顾君忠[6]进一步将情境认知计算视为一种新的计算形态,它与普适计算、移动计算和智能计算密切相关,具有适应性、反应性、响应性、就位性、情境敏感性和环境导向性等特征;情境感知系统[7]通过主动感知用户所处环境的变化实现信息的智能化交互,进而深入分析用户的个性化需求,实现信息或服务的主动推送与服务定制,从而提升个性化服务体验或行为预测的准确性。

在情境感知的宏观背景下,社会现象呈现出双重趋势:一方面是"社会的数字化",即人类社会活动越来越多地以数据的形式表现出来,人们有意或无意间留下的数据足迹日益丰富,不仅深刻影响着社会经济结构与民众生活面貌,还冲击和重塑了传统管理决策和价值创造的模式[8-10];另一方面是"数字的社会化",意指数据足迹及其内在结构逐步融入并构成社会结构和运作机制的一个环节,从而不断塑造着新的社会秩序和关系[11]。这两大趋势相互交织,促使数据与社会深度融合,驱动了社会科学与情境感知计算、数据挖掘等领域的跨界融合,促进了社会科学在研究方法和服务模式等方面做出适应性改变,具体体现在以下三方面。

其一,人类社会作为一个庞大的复杂系统,蕴含了海量的、异构的且动态变化的情境信息。鉴于情境信息的这些特性,目前尚无统一的标准化表达,需要在实际应用中紧密结合实际问题灵活处理。另外,情境信息的表示还需满足情境信息快速增长与高效融合的需求。

其二,鉴于社会系统的极端复杂性,计算社会科学面对的问题往往不存在通用的算法。因此,研究者需要针对具体问题,在复杂多样的情境背景下,从个体、群体和社会三个层级探寻并设计定制化的智能算法。

其三,随着情境感知技术及其产品的广泛应用,人类社会的工作和生活模式正经历着前所未有的变革。这要求社会科学能够准确地刻画人类行为特征、揭示行为模式,进而做出前瞻性的判断或预测,以积极、恰当的方式反作用于人类的工作与生活。

鉴于上述背景,如何在高度复杂的移动情境感知环境中,科学、高效地整合情境数据,并从个体、群体到社会三个层级深入挖掘用户行为模式,成为研究者亟待解决的关键问题,亦是计算社会科学领域内一项具有重要意义的研究议题。

1.1.2 研究问题

人类社会作为一个动态演化的复杂系统,其内在的社会现象展现出高度的多样性与复杂性[2,12]。一方面,这种复杂性体现在个体层面,每个社会成员都拥有独立的自主决策权,这一特性赋予了其行为的鲜明个性与不可复制性;另一方面,复杂性还体现在个体之间、个体与群体之间以及群体与群体之间互动方式的多样性和不确定性。这些多层次、多维度的互动机制,共同编织出一幅既丰富又充满变数的社会图景。

在移动情境感知环境下,本研究深入探讨了人类行为感知与交互机制,具体从个体用户、群体用户及社区用户三个层次展开系统分析。群体是由两个或者两个以上相互影响、相互作用、相互依赖的个体以一定方式组成的集合体[13],旨在实现特定的目标。依据群体发展的不同水平来看,例如成员联系的紧密程度、是否存在共同利益和奋斗目标,群体可细分为松散群体、联合群体以及集体[14]。本书的群体用户是指在时间和空间上偶然聚合的松散群体,成员间往往缺乏明确的共同目标与活动,而且成员间通常不进行信息共享和交互,典型实例包括公共交通乘客、电影院观众以及公园里游客等。

相比之下,社区用户则是一个更为紧密联系的群体,他们基于共同兴趣、共同利益和共同活动而聚集,强调在现实世界或网络世界中存在显著的社交关系特征,如各种兴趣社团[15-16]。因此,社区用户之间的关系相较于群体用户更加紧密。针对个体用户,本书聚焦于其情境感知信息的分析和处理,旨在从细粒度上揭示个体用户在时空维度上的行为规律,这在小尺度、个性化的应用场景预测中具有重要的价值,例如基于历史位置信息预测用户未来位置或行为[7]。群体用户行为模式的研究则侧重于把握整体移动行为规律与特性,通过淡化个体用户的行为差异,集中分析行为的共性特征及其统计分布,为资源优化配置、城市规划等领域提供决策支持。至于社区用户,其行为模式体现了联合群体在共同社会特性下的行为表现。基于社交关系划分的社区,既可以是具有相同兴趣的社团小组,也可以是社交网络中紧密联系的社交好友,例如摄影爱好者、文学爱好者团体等,其行为模式研究对于理解社群动态、促进社群发展具有重要意义。综上所述,个体用户、群体用户及社区用户在结构复杂程度与感知数据源规模上呈现递增趋势,如图 1.1 所示,这一层次分明的分析框架为深入理解移动情境下的人类行为提供了坚实基础。

本书聚焦于以下三个核心问题。

(1)面向个体用户的行为模式挖掘。

旨在运用情境推理技术,深入探索并提炼出个体用户在复杂多变的生活场

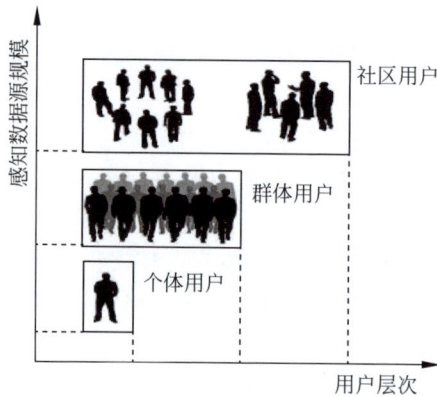

图 1.1 用户层次与感知数据源规模关系

景中所展现出的行为规律。鉴于个体用户的行为既有长期保持的习惯,又有新近涌现的变化,开发更为精细化的分析策略,以从多源、异构的情境数据以及丰富的交互行为记录中,精准捕捉全局性与局部性并存的频繁行为模式。此外,本研究还强调对个体用户行为模式价值的量化评估,包括其重要性及潜在的经济效益,以期在移动情境感知的框架下,实现更为精准、个性化的信息推送服务。

(2) 面向群体用户的行为模式挖掘。

群体用户行为模式挖掘聚焦于那些未进行直接信息共享与交互的松散集合体,旨在识别其特有的行为模式。与个体用户相比,群体用户行为模式的研究更侧重于从宏观层面探索行为的共性特征。这一过程通过捕捉群体用户的共同移动情境,深入分析其移动行为的内在规律和显著特点。群体用户的行为模式挖掘不仅要求全面把握其移动行为的整体规律与特性,还需确保所采用的挖掘方法能够有效应对群体用户情境数据及交互行为信息快速增长的挑战。

(3) 面向社区用户的行为模式挖掘。

面向社区用户的行为模式挖掘建立在识别具有相似社会化特性的联合组织结构基础之上,通过构建以社区为单位的情境模型,进而实现社区用户的用户行为模式的深入探索。在现实生活中,拥有相同兴趣爱好的个体往往自发形成联合组织,即社会网络中的社区现象,这构成了用户真实的社交圈层。然而,社区内用户情境的多样性和复杂性(包括层次与数量的显著差异)可能给相似性度量带来挑战,进而影响个性化服务的精准度与满意度。因此,在社区检测与行为模式挖掘过程中,必须充分考虑不同层次的情境属性,并优化相似性度量方法,以确保分析结果的准确性和有效性。

1.1.3 研究意义

在当代社会,移动设备已经普及到人们的日常生活中,导致人类行为数据以前所未有的规模被持续捕捉与累积。如何在海量的、动态的情境感知数据中,高效地发现并预测用户的行为规律,不仅构成了推动社会科学理论发展的重要基石,还展现出在辅助决策、优化社会服务等方面的广泛应用潜力。

理论层面上,本书创新性地阐述了一种普适性的移动情境建模框架,并在此基础上探讨了跨越三个感知维度的四项用户行为模式发掘策略。第一,面向个体用户,依据用户的历史情境数据与即时情境信息,设计并实现了全局频繁行为模式挖掘算法与动态更新的局部频繁行为模式挖掘算法,旨在深度剖析个体用户的行为偏好和日常生活习惯;第二,同样面向个体用户,本书提出了基于高效用序列树的 Top-N 高效用行为模式挖掘算法,该算法结合用户的交互情境,实现了从全局角度为个体用户提供定制化的订单推荐服务,从而推动了移动情境下个性化信息推送服务的精准化与智能化;第三,面向群体用户,本书构建了一种增强的空间聚类算法,此算法有效捕捉了群体用户行为模式在空间维度上的显著特征,进而深入剖析了群体用户的行动规律及其对公共交通系统的特定需求,为城市交通规划与管理提供了科学依据;第四,面向社区用户,本书构建了基于网络社区检测的语义轨迹聚类算法,该算法不仅揭示了人类行为规律与其社交活动之间的深层次联系,还通过提高社交网络结构识别的精确度,促进社会成员间更加高效、和谐地互动与交流,为构建智慧型社交网络生态体系贡献了重要力量。

本书所阐述的移动情境建模方法和用户行为模式挖掘方法,创新性地将情境感知计算理论、轨迹数据深度挖掘技术与行为模式识别机制相融合,实现了技术间的协同增效,对多学科交叉的计算社会科学的理论深化提供了重要支撑。本书深入考量了移动情境的多源性、异构性和动态变化特性,同时兼顾了不同层次用户的主观差异性,进而对传统行为模式挖掘框架进行了拓展与革新,不仅增强了行为模式挖掘方法在复杂多变的移动情境感知场景下的适用性,还丰富了计算社会科学领域的理论研究内涵,具有重要的理论价值与实践指导意义。

应用层面上,人类行为规律的研究成果展现出广泛的辅助决策潜力,具体涵盖企业营销策略优化、社会服务设施监管强化以及政府政策制定的科学指导等方面。第一,通过移动终端技术感知用户情境,实现个性化服务的精准定制。以精准营销为例,它围绕用户情境信息开展个性化服务,不仅提升了用户的消费体验,还助力企业基于用户情境信息制定更为有效的营销策略,从而降低了企业的运营风险;第二,为评估策略(如出租车运营策略)的实施效果,提供了一种高效且准确的技术支持,促进策略的优化调整,进而提升了如出租车驾驶员等从业者的预期收益;第三,精准化资源调度与流量预测。在服务人群分布及社会服务设施时空配置的把握上,实现了更为精确和直观的洞察。例如在城市规划、交通运输工程等智慧城市建设领域发挥关键作用,有助于实现资源的高效调度和流量的精准预测;第四,个性化服务政策的科学制定。深入分析人类行为特征和社会交互规律,为制定个性化服务政策提供了坚实的依据,以智慧旅游服务为例,通过分析游客的行为偏好和需求,能够为其推荐更符合个人喜好的景点与路线,不仅提升了游客满意度,还降低了旅游企业的运营成本,提高了企业的盈利能力。

综上所述,移动环境下情境感知的用户行为模式研究对个体用户、群体用户和社区用户都展现出重要的价值。另外,从理论研究的角度来看,用户行为模式的研究有助于计算社会科学、情境感知计算和数据挖掘等理论与技术的发展完善和广泛应用。由此可见,无论从现实应用意义还是从理论研究意义来讲,移动情境感知的用户行为模式挖掘的研究都具有重要意义。

1.2　国内外相关研究进展

本节旨在深入剖析国内外在移动情境感知计算、行为模式探索及轨迹数据分析领域的研究动态,并系统性地审视当前研究成果中的局限性与未尽之处。

1.2.1　移动情境感知计算的研究进展

情境是有关实体特征及其交互过程信息的总和,主要包括与交互过程相关的时间、地点、物理环境以及行为表现等。目前,学术界依据多样化的研究视角提出了多种情境分类方法[17-18],Schmidt 等[19]通过构建模型,将情境划分为两类:一类是与人类主体紧密相关的情境,具体涵盖用户个人信息、所处的社会环境以及用户当前执行的任务;另一类则是与物理环境息息相关的情境,包括地理位置、基础设施布局以及物理条件的状况。在国内,关于情境构成与分类的研究同样丰富。顾君忠[6]将情境细分为计算情境、用户情境、物理情境、时间情境以及社会情境。苏敬勤等[20]从组织行为学的独特视角提出了基于物质层面的情境分类和基于理念角度的情境分类。综上所述,情境分类作为情境感知与智能处理领域的基础性工作,其多样性与复杂性不仅反映了研究视角的广泛性与深入性,也为后续研究提供了丰富的理论基础与实践指导。

由于用户的移动而发生动态变化的情境称为移动情境,诸如用户在办公室时所处的具体环境,其中涵盖了办公室的具体位置、同处一室的同事等要素[21]。为系统研究此类情境,本书将移动情境划分为时间情境、空间情境、物理情境以及活动情境四种类型,每种情境可以依据其具体特征进行更为详尽的子类划分,具体分类方式如图1.2所示。此分类框架旨在提供一个清晰、全面的视角,以深入理解移动情境的多维度特性。

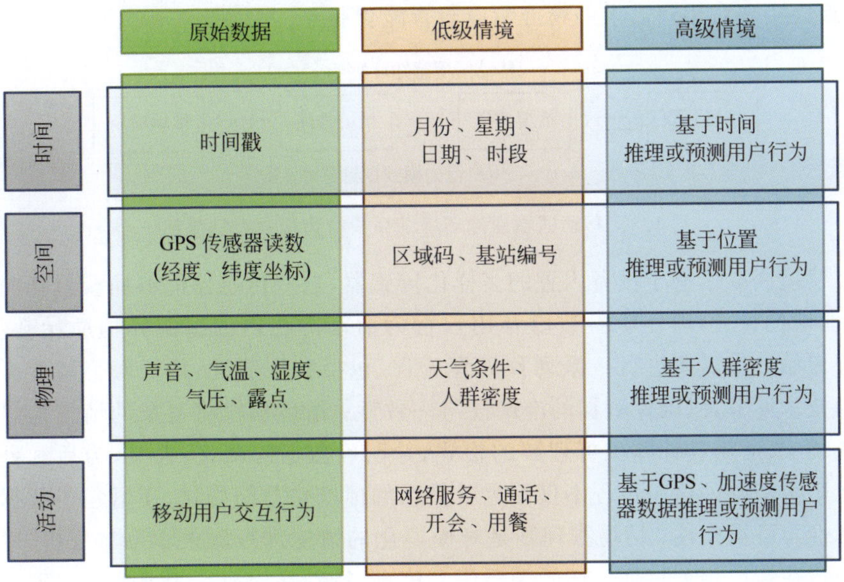

	原始数据	低级情境	高级情境
时间	时间戳	月份、星期、日期、时段	基于时间推理或预测用户行为
空间	GPS传感器读数(经度、纬度坐标)	区域码、基站编号	基于位置推理或预测用户行为
物理	声音、气温、湿度、气压、露点	天气条件、人群密度	基于人群密度推理或预测用户行为
活动	移动用户交互行为	网络服务、通话、开会、用餐	基于GPS、加速度传感器数据推理或预测用户行为

图1.2 移动情境的分类

本书对移动情境进行了详尽而具体的分类描述,具体如下。

(1)时间情境:这一类别专注于时间信息的呈现,涵盖了时段、日期以及星期等关键时间要素。

(2)空间情境:指的是用户当前所在位置的空间描述信息,包括但不限于地理位置、室内或室外环境等空间特征。

(3)物理情境:此情境侧重于用户周围环境的物理特性描述,包括但不限于当前的时间(如昼夜更替)、光线强度、噪音水平以及空气湿度等,这些因素共同构成了用户所处的物理环境。

(4)活动情境:该类别关注的是那些能够影响用户行为的服务状态描述,具体涉及可提供的服务内容、服务的限制条件以及可能影响用户活动决策的其他服务状态信息。

移动情境感知系统依托于智能终端内置的传感器,主动捕捉并监测实体周围环境的数据及其动态变化。通过对这些信息的精细管理与深度处理,该系统能够智能地为用户提供与即时情境相关的个性化服务。以乘坐地铁出行为例,用户的智能手机能够敏锐地分析周围环境的噪音强度,并据此自动调整其铃声响度,以确保用户体验的舒适度。本书将移动情境感知系统的一般流程归纳为四个关键阶段:情境获取、情境建模、情境推理以及情境应用,这一流程框架如图 1.3 所示,旨在全面展现该系统从捕捉环境信息出发,经由复杂的处理与分析,最终实现对用户需求的精准响应与智能化服务。

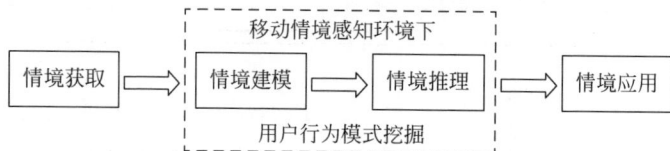

图 1.3　移动情境感知环境下用户行为模式挖掘流程

情境获取依赖于设备内置的多样化传感器,这些传感器能够捕获包括时间戳、地理位置、物理环境参数以及用户行为活动等在内的多源异构原始数据。这些原始数据需要进行一系列预处理流程,包括数据清洗、特征融合与聚合等关键技术环节,以确保数据的准确性与一致性;情境建模将复杂的情境信息表示成统一、适当且计算机可理解的格式,并明确数据的语义、含义,为后续处理奠定坚实基础。这一过程不仅促进了信息的标准化与结构化,还增强了数据的解释性与可操作性;情境推理则是对模型化的情境进行深入学习与分析,以获取隐藏在情境相关特征后面的深层语义信息,特别是用户行为习惯的识别与未来活动的预测。即从低层次情境信息向高层次情境信息的转化,为情境感知系统的智能化决策提供了关键支撑;情境应用作为情境感知系统的终端环节,通过整合高层次情境信息与用户当前的具体情境,触发并执行一系列自适应动作或服务,以满足用户的个性化需求与提升用户体验。值得注意的是,在上述过程中,用户行为模式的挖掘[22]是最棘手的问题,也是本书探讨的核心所在。本书致力于在移动情境感知的特定环境下,深入探索并设计高效的用户行为模式挖掘模型与算法,以期在复杂多变的移动场景中,精准捕捉并解析用户行为模式,为情境感知技术的进一步发展与应用拓展提供有力支持。

1. 移动情境感知数据收集

移动情境获取的方式可细分为显式获取、隐式获取与推理获取三大类别,每种方式各具特色与适用场景。

(1)显式获取:通过问卷调查、在线表单或交互式界面等手段直接询问用户相关信息。此方法的优势在于实施简便,且由于用户直接提供信息,数据通常具有较高的准确性和可靠性;这种方式的缺点比较明确:一是可能侵犯用户隐私,引发用户抵触情绪;二是用户回答的主观性和异质性可能导致数据偏差,影响后续分析的精准度。

(2)隐式获取:利用移动设备内置的传感器或虚拟传感设备,自动捕捉用户相关数据并从中获取用户信息。这种方法的实现过程中无须用户参与,然而,自动感知的数据质量往往难以保证,可能因环境干扰、设备精度等因素导致数据不准确或缺失。此外,持续地跟踪及感知用户数据也可能引起用户反感,从而导致用户拒绝使用移动情境感知系统。

(3)推理获取:融合了数据挖掘、统计学等分析技术,通过构建复杂的预测模型、训练数据集等方式进行数据推理,进而从低层次情境信息提炼出高层次情境信息。例如,通过用户的历史行为模式,系统能够预测并适应用户在特定时间段的偏好变化,如夜间避免新闻推送,偏好晨间浏览新闻。

综上所述,采用内置传感器隐式获取移动情境信息是易于实现而且成本低的方式,其已成为移动情境感知领域的主流趋势。然而,面对数据准确性与完整性的挑战,必须实施严格的数据清洗、解释与说明流程,以确保后续情境推理与决策支持的有效性。

2. 移动情境感知数据建模

移动互联网和传感器技术的迅猛发展使得智能手机内置的多元化传感器和类型丰富的应用程序能够实时感知用户的即时情境,同时详尽记录用户与设备间的交互细节。这种用户情境与交互行为之间的紧密关联,构成了移动情境感知环境下的用户行为模式,它不仅是定制化服务设计的基石,也是提升用户体验、增强用户满意度的关键要素。鉴于此,将用户所处的复杂多变情境信息有效融入用户特征模型之中[22],对其行为习惯和兴趣偏好进行提取,利用再现的情境为用户推送个性化定制服务,给用户带来良好的体验效果,进而提高用户的满意度。然而,由于情境数据来源的多样性与异构性,如何构建一个统一且抽象的逻辑模型,以实现对这些情境信息的有效整合、处理与存储,成为情境感知计算领域亟待解决的核心问题之一。

综上所述,构建统一、灵活的情境信息抽象逻辑模型,不仅是推动情境感知技术发展的关键步骤,也是实现智能服务个性化、精准化的重要途径,对于提升移动互联网时代用户体验的整体水平具有深远意义。

现有情境感知信息的数据描述模型可系统地划分为以下几类模式。

（1）键值模型：作为计算机软件设计领域中最基本的数据描述模型，键值模型虽简约却高效。在此模型中，每个实体及其在当前环境背景下的相关信息均被分配一个全局唯一的标识符，即"键"，而实体及其相关数据则对应于"值"。

（2）标记语法模型：该模型利用标记语言为电子文件赋予结构性，旨在通过标签对数据进行分类、定义数据类型，并允许用户自定义标记语言。标记语法模型通过层次化的标签系统来标示对象，从而构建出具有明确结构的数据表示。

（3）图形模型：采用结构化的图形及其相互间关系来描述情境，其中 UML（统一建模语言）作为图形建模技术的典范，具备广泛的普适性和强大的表达能力。

（4）面向对象模型：面向对象作为软件开发的核心分析方法之一，其数据库存储机制以对象为基本单位，每个对象封装了自身的属性与方法，具有类和继承等特点。

（5）逻辑模型：此模型将事件抽象为数学实体，并对其进行高度形式化的描述。该模型可以结合基于规则的推理，基于当前事件预测未来可能发生的新事件。

（6）本体模型：本体模型通常被视为某一领域内概念体系的精确描述，它包含概念、属性、属性限制条件以及概念实例等要素。本体模型通过构建领域知识的逻辑框架，为情境感知系统提供了统一的知识表示方法。

鉴于情境表示领域尚未形成统一标准，一般在应用中需要与实际问题相融合。本书采用基于键值模型的非关系型数据结构，该结构因易于管理而广泛应用于分布式服务框架中。然而，其结构相对简单，可能限制了在复杂移动情境感知环境下对用户行为模式进行深入挖掘的能力。因此，为应对多源异构传感器数据的有效融合、快速增长及高并发访问等挑战，需进一步扩展和优化该数据结构[23]。

3. 移动情境感知推理

情境推理方法比较多样，研究者们探索了多种方法以应对复杂多变的情境信息，包括但不限于决策树[24]、朴素贝叶斯[25]、支持向量机[26-27]、基于本体推理[28-29]、基于规则推理[30-31]以及模糊推理[32]等。其中，Lim 和 Dey[33]研究结果表明，基于规则的推理方法因其直观、易于理解等特点最受欢迎，适用于从低层次的情境信息中提炼高层次的情境信息。然而，传统规则挖掘算法在处理用户行为序列模式时面临局限性，因其设计初衷并未直接针对此类动态数据序列[34]，为克服这一障碍，学者们创新性地提出了序列规则挖掘算法[35-37]。这些算法在推理方法的理解性和效率上各有侧重。但是大多聚焦于序列的线性顺序，忽视了位置、天气等多维情境因素对用户行为交互的深刻影响，缺乏多维情境对用户行为交互影响的解读。此外，现有算法大多采用一次性挖掘策略，生成的是静态的用户行为规则集，忽略了用户行为随时间变化的动态特性，未能有效支持规则的持续更新，从而限制了模型在捕捉用户行为变化趋势方面的能力。因此，未来的研究应致力于开发能够综合考虑多维情境因素、支持规则动态更新的情境推理方法，以更精准地刻画用户行为的复杂性与动态性。

4. 移动情境感知应用

移动情境感知领域早期的研究多汇聚于用户位置的精准探测及其在感知系统内的集成应用。Olivetti 公司的 Active Badge 研究项目[38]通过胸章实现用户定位，并根据这些位置信息将来电转接到用户邻近的电话机上，这被认为是情境感知技术实用化的初步尝试与成功，被视为该领域发展的一个里程碑。随后，情境感知技术拓展至基于用户位置信息的多元化应用场景。在旅游领域，该技术能够根据用户的实时位置，智能推荐周边景点、规划最优游览路线，极大地提升了旅行体验；而在购物场景中，则根据用户的位置推送个性化的商品建议及优惠信息，促进了消费行为的智能化与便捷化。随着传感器技术的不断发展，情境感知处理的信息不再局限于单一的位置信息，而是将时间、天气条件、人群密度等多元化环境参数纳入其综合考量范畴[39-40]。这些环境因素的交织作用，深刻影响着用户的行为模式与决策过程[41]。因此，传感器数据因其种类丰富而成为移动情境感知环境下用户行为模式挖掘的重要数据来源，然而，这一转变也伴随着挑战，即如何在海量且复杂的传感器数据中，实现高效、精准的个性化推荐，成为了当前研究亟待解决的关键问题。

情境感知服务需要依托用户的历史数据，特别是轨迹数据，构建用户模型。这一过程旨在深入洞察并捕捉用户的兴趣与偏好，以便能够精准地向用户推送可能引发其兴趣的商品或信息内容。值得注意的是，用户的兴趣与偏好并非静态不变，而是高度依赖于其所处的具体情境，因此，用户行为模式挖掘与移动情境感知计算以及轨迹数据挖掘技术紧密关联。结合用户的移动情境进行用户行为模式挖掘是移动情境感知系统的一个核心议题，它不仅代表了技术发展的前沿趋势，也是推动个性化服务向更高层次迈进的关键路径。具体而言，移动情境感知技术的应用可大致划分为社交推荐、城市计算与智能广告推送三大核心领域[42]。

1) 社交推荐

在移动情境感知环境下,具有相似行为模式的个体间更可能成为朋友,基于这一洞察,研究者们开发了一系列创新方法,旨在精准预测并推荐社交好友关系[43-44]。具体而言,这些方法通过剖析用户的情境感知数据,建立基于地理位置特征的分类器模型,有效识别出那些曾到访过相似地点或共享共同社交圈层的用户群体,评估他们之间建立友谊关系的潜在概率[45]。

2) 城市计算

在城市计算领域,移动情境感知系统已成为提升用户体验的关键技术之一,其核心在于构建移动用户的兴趣模型,并据此推送与当前情境高度契合的信息与服务[46-47]。面向移动用户的商品推荐和出租车调度推荐,作为两个标志性应用场景,充分展示了移动情境感知技术的实际应用价值[42]。近年来,越来越多的移动应用程序开始利用丰富的情境数据来提高用户体验。具体而言,这些应用通过结合地点语义信息,深入分析用户访问历史,精准捕捉用户的兴趣点[48-49]。同时,结合情境分析,探索用户移动轨迹与商品购买行为之间的内在联系,以实现对用户未来购买行为的精准预测[50]。在出租车服务领域,基于出租车轨迹数据的挖掘同样展现出巨大潜力。通过对车辆轨迹的深入剖析,不仅能够识别城市中人流高度集中的热点区域,进而揭示这些区域的功能属性[51],还能通过分析出租车的载客状态、速度、方向及实时位置等多维度信息,为出租车司机提供最优行驶路径建议,以缩短行程时间,提升运营效率[52],增加司机收入,实现双赢[53-54]。

3) 广告推送

在当前数字化时代背景下,基于移动用户情境的个性化推送广告已逐步成为广告领域的重要发展方向[42]。一般而言,广告效能的深度挖掘高度依赖于广告内容能否精准对接用户即时的情境背景。推荐系统需具备敏锐的情境感知能力,实时捕捉并分析移动用户的情境信息,进而精准预测并响应其当前需求,实现广告信息的定制化推送。移动情境数据的深度剖析,对于更好地理解用户当前的意图和兴趣,提升面向移动用户的推荐系统体验提供了极大的帮助[48-49]。

尽管移动情境感知技术在多个领域得到了广泛的应用,但是在实践应用中仍面临诸多挑战。首要问题便是如何确保情境感知的精准性和鲁棒性,即在复杂多变的移动环境中,如何稳定且准确地捕捉用户情境信息,避免误判与遗漏。此外,针对不同用户群体的多样化需求,如何构建个性化、差异化的移动情境感知模型,以提供更加贴心、高效的推荐服务,亦是一个亟待解决的难题。面对这些挑战,移动情境感知的研究虽可从普适计算、移动计算、机器学习及数据挖掘等成熟领域获得灵感与技术支持,但直接套用现有技术显然不足以应对移动情境特有的复杂性与动态性。因此,必须对这些技术进行适应性改进与创新,以更好地应对移动情境感知建模与推理过程中的独特挑战。

1.2.2　用户行为模式挖掘的研究进展

为了让情境感知服务高度契合用户的兴趣和需求,深入洞悉用户行为模式显得尤为关键。实现个性化精准服务的最直接途径就是用户主动表达偏好,但是此种方法却面临多重挑战。首先,解析用户以自然语言形式阐述的兴趣偏好,需要自然语言处理技术作为支撑;其次,用户的兴趣与需求具有动态演变特性,持续要求用户更新其兴趣描述不仅烦琐,而且往往难以获得用户的积极响应;最后,用户自身可能并不完全清楚其兴趣或是难以精准言辞描述内心偏好,这进一步增加了直接获取用户偏好的难度。鉴于此,亟须先进的数据挖掘与分析算法,自动捕捉并解析用户的日常行为数据,构建出更为精准的用户兴趣模型,进而推荐与用户当前兴趣高度匹配的物品或服务信息。

1. 用户行为模式的起源

在人类行为建模与分析的初期阶段,受限于当时统计工具与方法的滞后,研究者通常采取简化的视角,假设人类行为的发生遵循一种均匀分布的模式,而忽略长时间的静默与短时间的突发性活动的并存现象,也就是假设人类行为可由泊松过程描述。然而,随着数据存储能力、数据挖掘算法和分析处理技术的长足发展和全面提升,研究者得以从海量数据中挖掘出那些曾经被忽视的有价值信息[55]。2005 年,Barabasi 在 *Nature* 期刊上发表了一篇开创性研究,该工作明确地揭示了人类行为间隔时间对泊松分布的偏离,进而提出了一个基于任务优先级的排队论模型,该模型解释了人类行为时间分布所展现出的幂律特性[56],为理解人类行为的非均匀性提供了新视角。2006 年,Brockmann 等在 *Nature* 期刊发表了关于美钞流动位置空间行为的研究,进一步探讨了人类移动行为的标度律[57],揭示了人类在空间移动上的复杂性与规律性[58]。通过广泛收集并深入分析大量个体及群体行为数据,研究者们逐渐勾勒出人类行为的几大普遍特征[55]。

（1）重尾特征:人类行为具有高度的非均匀性,无论是宏观层面的社会组织行为,还是微观层面的生理行为,其发生间隔均服从重尾分布,即少数事件占据了大部分的时间或资源。

（2）周期特征：人类行为的活跃期呈现出明显的周期特征，这种周期性与人们的生活规律和日常作息时间是紧密相连的，体现了人类行为在时间维度上的规律性。

（3）波动特征：尽管人类行为存在周期规律，但是在特定单位时间内发生的具体数量仍难以精确预测，这既与个体内在因素（如性格、习惯）相关，也受制于社会环境（如交通状况、社会事件）的影响。

（4）兴趣特征：除了履行基本义务和职责之外，人类行为更多地体现了个体的兴趣偏好与选择，也就是说，个体的行为决策往往受到其兴趣、爱好及行为习惯的深刻影响。

（5）自相似特征：已有研究发现人类行为在宏观层面和微观层面之间存在着自相似的特征，说明人类行为的发生不是完全随机的，而是有规律可循。

（6）空间特征：人类行为的空间分布是很不均匀的，具有较明显的局域性，对于个体而言，一般存在少数几个经常前往的地点，这些地点的平均到访频率满足幂律分布。

以上特征之间存在着密切的相互关联与制约关系，人类行为动力学已经证明人类行为并非杂乱无章或完全随机，而是展现出显著的规则性和可预测性，即内在地蕴含着复杂而丰富的行为模式。

2009 年，以哈佛大学 Lazer 教授为首的 15 位杰出学者在权威期刊 *Science* 上联合发表了题为"Computational Social Science"的论文[1]，标志着数据驱动的计算社会科学这一新兴交叉学科的诞生。该领域聚焦于利用大规模人类行为数据的采集与深度分析手段，旨在从数据驱动的崭新视角探索个体及群体行为的内在机制，进而深化或改变我们对个体行为模式及复杂社会系统运作规律的理解与认知。人类行为是内部心理驱动与外部社会环境交互作用的复杂产物，而对人类行为的研究成果，可以揭示这些行为背后隐藏的深层次、多维度的复杂性。

2. 不同层次的用户行为模式

用户行为模式是指有规律的、经常性的用户行为。与情境类似，其界定往往依据具体研究领域的研究视角与需求而异。

第一，个体用户的行为模式是指单个用户的行为特征和规律，例如用户智能手机使用习惯和出租车驾驶员的运营策略。在互联网服务范畴内，用户浏览网页的次序被视为用户行为模式[59]；在电子商务应用中[60-62]，用户的购买意向可以被理解为用户行为模式；在智慧城市应用中[63]，用户有次序地到访地点可以被视为用户行为模式。Zong 等[64]通过深入分析 GPS 轨迹数据，揭示了深圳出租车驾驶员基于个人偏好的驾驶行为模式。Rong 等[65]通过探讨影响搜寻策略的关键因素，开发出一种能够平衡行驶距离与热点区域覆盖的算法。该策略旨在引导驾驶员更有效地抵达乘客需求密集区，从而在控制运营成本的同时提升收益。

第二，群体用户的行为模式是指那些关系松散、成员间可能互不相识或缺乏直接信息交流的集合体，其展现出的行为特征与规律，典型实例即为城市居民的通勤行为模式[66-67]。传统的通勤行为模式的探索依赖于居民通勤方式调查数据，然而，此类方法面临高昂的数据收集成本挑战，且小规模样本难以全面揭示基于复杂城市空间结构的居民大规模通勤行为特性。近年来，随着定位技术的快速进步，出租车轨迹数据的获取变得前所未有的便捷。这些轨迹数据中蕴含着城市的道路空间布局和乘客的交通行为信息[68-69]，被视为探索城市居民移动模式不可或缺的宝贵资源。Mao 等[66]使用了划分和组合的策略对 GPS 轨迹点进行更高粒度的聚集，解析了城市空间结构与通勤行为模式的内在联系，深入探讨了空间结构对通勤行为模式的影响，但是忽略了通勤行为模式的时间特征。Zheng 等[67]从时间、空间的角度对大规模出租车轨迹进行聚类，将相似的居民行为活动聚集到相同的簇中，进而分析通勤行为模式。

第三，社区用户的行为模式是指有共同社会属性或社交关系的联合群体展现出的行为特征和规律，例如，游客们的时空行为模式[70-71]。游客们在旅行过程中，不仅通过在线平台积极搜寻与分享旅行资讯，还广泛利用智能手机等便携式数字设备留下了富含地理位置信息的数字足迹。这些数字足迹能够清晰地勾勒出游客的情境和运动轨迹[70]，为深入剖析其行为模式提供了宝贵的数据资源。借助先进的数据分析技术，高效、精准地解析这些数字足迹，不仅可以重构游客的游览路线，还能深入洞察其背后的情境因素，如兴趣偏好、停留时长等，从而揭示出游客行为的内在规律与趋势[71-73]。与群体结构相比，社区结构增加了社交关联，社区用户之间的关系更加紧密。因此，将社区结构视为群体结构发展的高级阶段，强调其内部成员间因社交关联而形成的独特行为模式。

表 1.1 列出本章介绍的不同层次的用户行为模式挖掘问题文献的分类情况。

表 1.1   不同层次的用户行为模式挖掘问题文献分类

用 户 层 次	文　献	应 用 领 域
个体用户	陈冬祥等[59],孙少叶等[60],屈娟娟[61],刘洪伟等[62]	智能商务
	Li 等[63],Zong 等[64],Rong 等[65]	智能交通
群体用户	Mao 等[66],Zheng 等[67],Li 等[69],He 等[68]	智能交通
社区用户	李君轶等[70],徐欣等[71],张丽娜等[72],张舜尧等[73]	智慧旅游

3. 用户行为模式的效用

用户行为模式的效用评估是一个复杂且多维度的过程,其效能受多种内外部因素制约。关于高效用模式[74-75]的挖掘研究已成为数据挖掘领域的一个热点,旨在识别出那些效用值不低于预设阈值的模式集合[76-78],由于挖掘结果对阈值非常敏感,用户很难指定合适的阈值,取而代之的做法是聚焦于 Top-N 高效用模式的探索[79],以规避直接设定阈值的难题。值得注意的是,当前多数高效用挖掘算法往往忽略了负效用的存在。然而,这一现象在现实世界中屡见不鲜,例如,商家为吸引顾客购买特定商品而提供的免费赠品,从经济角度看,构成了超市的直接成本或负效用。然而,此类策略往往能间接促进其他相关商品的销量,从而可能带来更高的总体利润。这种做法在超市促销产品时很常见,也说明了负效用项在现实世界中是经常出现并且有很多应用,然而,关于负效用的研究仍然是比较有限的。Lin 等[80]提出了一种能够处理单位利润为负值的快速高效用项集挖掘算法。Singh 等[81-82]设计了一种使用模式增长挖掘具有负效用项的高效用项集的算法,该算法引入最小长度和最大长度两个约束条件,以调控项集的规模,有效排除了那些因过长或过短而可能缺乏实际意义的项集。然而,现有关于负效用的研究仍存在局限性,主要聚焦于项目整体的单一单位利润,而未能充分探讨用户行为背后的多重情境因素如何共同作用于项目的最终效用。

4. 用户行为模式挖掘的挑战

用户行为模式与用户的情境紧密相关。Wang 等[83]认为,用户行为的触发往往伴随着特定的用户情境。如用户在等待公交车的闲暇时间中听音乐以消磨时间[84-85]、在旅游时使用手机捕捉美景并即时分享至社交网络[86]、在驾驶过程中则依赖于手机导航确保行程顺畅[87]等,这些实例鲜明地展示了用户行为如何紧密地与其所处的情境交织在一起,从而暗示了通过情境信息来推断用户行为的可行性。用户情境和用户行为之间的这种内在关联,不仅是个人习惯的直接反映,更是商业领域挖掘潜在价值的重要源泉。通过深入分析用户交互数据,企业能够精准捕捉用户的兴趣偏好,进而评估特定行为的活跃时段,如付费应用程序的使用高峰[88];借助定位技术,企业能够追踪用户的移动轨迹,探索用户的日常行为习惯,如通勤行为的规律性[69,89-90];基于用户过往的行为预测其未来的行动意图,如旅游景点精准推送[73]等。上述应用场景均涉及人类行为模式挖掘分析,这些挖掘结果能够显著提升个性化推荐的精准度与行为预测的准确性[7]。

在移动情境感知环境中,用户行为模式的挖掘面临着一系列前所未有的挑战。首先,数据是多源异构的。用户行为数据不仅涵盖了用户个体的直接动作与活动,还与用户所处的场景、触发用户动作或活动的事件等紧密相关。最简单的行为模式挖掘方法是分别对所有的用户交互信息,枚举出在情境日志中所有相关联的情境,然后计算它们的支持度和置信度。这种方法受限于候选情境数量的激增,导致计算成本急剧上升,难以在实际应用中高效执行;其次,挖掘环境复杂。移动情境下的用户行为模式挖掘必须综合考虑用户隐私保护、移动设备有限的计算资源以及实时性要求等多重因素,最佳策略是在智能移动设备上直接部署行为模式挖掘算法,最小化数据传输延迟并优化资源利用;最后,用户个性化需求。移动情境感知环境下更加强调用户个性化的体验需求,行为模式挖掘必须精细区分分析层次,既是在微观层面聚焦于个体用户的行为特征,也是在宏观层面考察群体或社区用户的共性行为模式。因此,在移动情境感知环境下,以往的行为模式挖掘方法是不能直接应用的,需要探索并开发新的挖掘策略与算法,以更好地适应移动情境下的数据特性、环境复杂性和用户个性化需求。

1.2.3 轨迹数据挖掘的研究进展

随着定位追踪技术的迅猛发展和广泛应用,诸如全球定位系统、射频识别、全球移动通信网络和无线网络等,极大地促进了移动对象轨迹数据的便捷采集,这里的移动对象可以是人类、动物、交通工具和自然现象。人们用智能手机记录日常生活与工作的轨迹,例如,运动员记录训练表现以深化自我分析[91];旅行者在线上平台分享旅游照片[86],可为其他旅行者提供灵感与参考[72,92];在生态研究领域,研究者利用 GPS 跟踪项圈记录动物的活动轨迹,可用于揭示迁徙行为[93]、评估日常活动习性[94]等;私人车辆和公共交通车辆借助车载GPS 设备定期记录位置信息,可应用于提升交通效率、优化路线规划等[95]。此外,通过收集自然现象(如龙卷风和洋流)的轨迹数据,研究者可以捕捉气候变化,增强预测自然灾害、实施有效管理策略以保护自然环境的能力[96-97]。这些轨迹数据为科学研究提供了良好的契机,特别地,研究者通过反映人类行为的轨迹数据能够分析和理解人类行为的规律性、复杂性,以及人类社会这个复杂系统[98]。

轨迹由一系列按时间顺序排列的离散空间点(即轨迹节点)构成,这些点共同描绘出对象在地理空间中的移动轨迹。在数据挖掘的广阔领域中,轨迹数据挖掘占据了一席之地,其核心目标在于从纷繁复杂的轨迹数据中提炼出具有价值的知识模式,这一过程不仅是知识发现流程的关键环节,也是推动数据智能应用的重要驱动力[99-100]。轨迹数据挖掘的实践活动围绕着两大核心目标展开:描述和预测。描述性挖掘聚焦于轨迹数据中蕴含的可解释性结构,通过高效且直观的方式展现数据特征,旨在提升挖掘过程的效率与结果的可理解性;而预测性挖掘则着眼于利用现有轨迹信息,通过数学模型与算法,对移动对象未来的位置或行为趋势进行前瞻性推断。随着基于位置服务的快速增长,预测性挖掘不仅激发了研究者的积极性,还成为该领域应用实践的热点之一[101-102]。在轨迹预测的研究范畴内,位置预测占据了主导地位[103],即预测移动对象的最终目的地或下一个即将访问的地点,此外还有一些研究旨在基于交通网络预测整个路线[104-105]。轨迹数据挖掘的方法可以分成两个类别:初级方法和次级方法。给定一个轨迹数据集,初级方法根据轨迹的性质对其进行分类,而次级方法是复合方法,应用一系列初级挖掘方法或经典统计方法或两者的组合对轨迹进行操作。

1. 初级方法

面向轨迹数据的通用初级挖掘方法有分类、聚类和关联规则。

1) 分类

分类的目的是构建一套规则体系,以准确地将对象划分至预定义的类别之中。在轨迹数据的语境下,分类任务旨在依据轨迹特征,为一系列轨迹分配相应的类别标签。这一过程通常涉及两个阶段:首先,利用包含已知类别标签的训练数据集训练分类模型;随后,将训练好的模型应用于测试集,以预测其类别归属。除了经典的 K 最近邻(K-NN)、贝叶斯分类、神经网络、决策树以及支持向量机等分类方法外,研究者们还不断探索并引入新的轨迹特征以增强分类效果。例如,Patel 等[106]在分类问题中引入了轨迹的持续时间信息,该方法不仅考虑了轨迹的空间信息,例如空间分布、轨迹形状,还将轨迹的持续时间信息视为分类特征,从而通过捕捉不同速度下的移动模式差异来提升分类精度。刘磊等[107]融合了船舶轨迹间的平均距离、航速距离及航向距离,创造性地构建了船舶轨迹间的综合距离,提出了一种基于 K 最近邻的船舶轨迹分类算法。

2）聚类

轨迹聚类是指将复杂的轨迹数据集划分为若干簇,同一个簇中的轨迹展现出高度的相似性,而不同簇间的轨迹则呈现出显著的差异性。这一领域近年来取得了显著进展,多种创新的轨迹聚类算法应运而生。Han 等[108]提出了 TRACLUS 算法,该算法巧妙结合了划分与组合策略,有效提升了轨迹聚类的精度与效率。Zhang 等[109]提出了一种基于层次轨迹聚类的周期模式挖掘方法,该方法不仅考虑了轨迹的时空属性,还融入了语义信息,从而能够更全面地捕捉轨迹数据的内在规律。杨震等[110]提出了一种通过将相似轨迹聚类,以捕获用户行为模式背后的隐藏规律,为理解人类移动性提供了有力工具。Besse 等[111]设计了基于对称的分段路径距离度量方法,解决了地理定位观测轨迹的聚类问题。

然而,尽管上述方法各有千秋,但多数仍局限于仅利用距离函数来评估轨迹间的相似性,这导致它们往往只能识别出由特定距离函数确定的特定形状的轨迹簇。另外,这些方法普遍忽视了轨迹数据中蕴含的丰富上下文信息,如天气条件、用户活动类型及个人兴趣偏好等,这些因素在实际应用中往往对人类移动模式产生深远影响。

为了克服这一局限,研究者们开始探索基于复杂网络理论的轨迹聚类新方法[112-114],其中,一些方法通过构造稀疏网络,达到了线性的时间复杂度,这对轨迹数据聚类具有极大的吸引力,例如,Ferreira 和 Zhao[113]提出了一种基于社区发现的时间序列聚类算法。

3）关联规则

关联规则挖掘是从大量数据中提炼出数据项之间的关联关系。关联规则挖掘的过程分为两步:一是识别所有满足或超过预设最小支持度阈值的频繁项集;二是基于这些频繁项集生成关联规则,这些规则需同时满足最小支持度与最小置信度的要求。关联规则的复杂度主要在于频繁项集的生成阶段。

在算法层面,除了经典的 Apriori 算法[115]与 FP 树算法[116]之外,针对数据的不同抽象层次与维度特性,还发展出了一系列变体,包括但不限于单层关联规则[117]、多层关联规则[118-119]、单维关联规则[115]及多维关联规则[120-121]。然而,这些方法在应对轨迹数据多维性、异构性及其行为模式序列性方面的需求时显得力不从心。

Mannila 等[122]提出了 MINEPI 算法,该算法旨在识别并提取在特定时间窗口内频繁且部分有序的项集序列。Tang 等[35]进一步拓展了这一算法的应用范畴,通过融入时间约束条件,使其能够适用于包含多种属性描述的复杂序列数据中,有效挖掘出蕴含其中的序列规则。然而,这一方法虽具创新性,却受限于仅能揭示单一序列内部重复出现的部分规则模式。针对上述局限,Das 等[123]和 Harms 等[124]研究了跨多个序列的规则挖掘问题,但是算法采用了穷举式搜索策略,缺乏针对搜索空间的有效修剪机制,导致计算成本高昂。为了克服这一效率瓶颈,Fournier-Viger 等[36]提出了一系列优化措施,包括设定时间窗口的限制以及引导规则增长的方向性控制,提高了多个序列中挖掘规则的效率。Hong 等[37]另辟蹊径,设计了一种支持可变时间域的模式挖掘算法,该算法不仅能挖掘整个数据库中的频繁模式,还能挖掘从过去某一时刻至今的最新频繁模式,这对于捕捉动态变化中的趋势尤为关键。然而,值得注意的是,该算法在设计时主要聚焦于时间维度,而忽略了如地点、天气等多元情境因素的潜在影响,这在一定程度上限制了其应用的广泛性和深度。

2. 次级方法

初级轨迹挖掘方法旨在对轨迹划分类别,而次级挖掘方法旨在更进一步地分析在类别内或类别之间各轨迹的时间、空间或时空特征。通用的次级挖掘方法有模式挖掘、异常值检测。

1)模式挖掘

轨迹模式挖掘旨在发现和描述隐藏在轨迹中的运动模式以及人的行为模式,基于轨迹数据的模式挖掘如图 1.4 所示。轨迹模式挖掘可以分为三类:重复模式挖掘、频繁模式挖掘和群模式挖掘[125]。

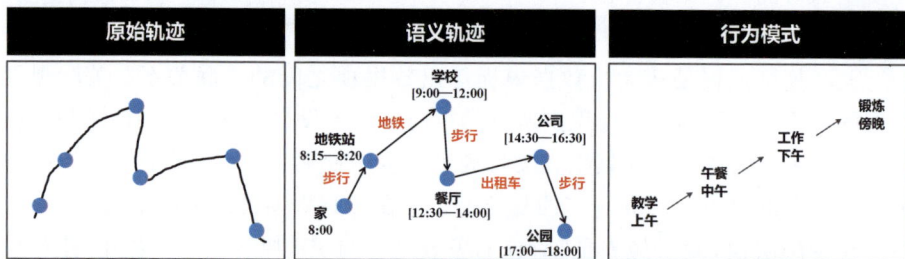

图 1.4　基于轨迹数据的模式挖掘

重复模式挖掘适用于单个移动实体展现出的规律性重复行为模式。此类模式常见于日常通勤者的固定路线往返或候鸟的季节性迁徙,它们遵循着大致相同的时间框架与空间路径,因此被称为周期性模式。另外,频繁模式挖掘适用于分析多个移动对象轨迹数据集中普遍存在的访问热点或路径片段。与单个对象的重复性不同,频繁模式挖掘旨在揭示多个对象在轨迹数据集中共同表现出的高频访问区域或路径,即便这些对象并非同步移动。类似于频繁模式挖掘,群模式挖掘作为频繁模式挖掘的一个延伸,适用于多个移动对象在空间上的协同移动性。也就是说,群模式不仅要求对象间存在共同的访问区域或路径,更强调在特定时间段内,这些对象在空间位置上保持相互邻近,形成明显的群体移动特征。

近年来,随着社会计算与传播动力学的深入融合,针对特定社会群体及其行为模式的识别方法逐渐成为学术界关注的焦点[126-128],这一趋势反映了人类生活与互联网环境的深度融合,构建了一个跨越多个在线平台的复杂社会网络生态,涵盖新闻浏览、社区论坛及微博博客等多种形式。在这一背景下,无论是实体还是虚拟社会网络,均展现出显著的局部聚集特征,即社区结构的形成[129]。

轨迹模式挖掘作为数据挖掘和查询处理领域内一个新兴且迅速发展的研究课题,其目标是利用轨迹数据在空间及时空维度上的邻近特性,发现轨迹的簇。轨迹模式的研究成果在交通监控、城市空间布局优化以及个性化路线规划等实际应用中展现出巨大的潜力与价值。一般而言,轨迹通常被定义为一系列显著地点及其之间转换过程的序列化记录,这些地点可以是地理位置坐标、兴趣点或任何具有空间意义的标识。轨迹模式挖掘的任务,则是深入剖析这些轨迹数据,旨在揭示并刻画其中隐含的运动规律与行为模式[125]。这一过程不仅要求识别出特定模式的存在,还需详尽阐述这些模式发生的时空背景以及涉及的实体信息,从而为用户提供更为丰富、深入的分析,已有大量研究致力于分类与界定不同类型的运动模式[130]。

2) 异常检测

异常检测是数据挖掘领域的关键任务之一,然而,针对轨迹数据的异常检测研究却相对滞后。轨迹异常检测的目的在于识别出轨迹数据集中那些显著偏离常规行为模式的个体轨迹,这对于交通监控、行为分析、环境监测等多个领域具有重要意义[131]。与模式挖掘聚焦于轨迹数据集中普遍存在的规律性模式不同,异常检测则侧重于揭示那些罕见且可能蕴含重要信息的异常模式。检测轨迹异常的一种基本方法是通过分析轨迹的局部邻域密度或采用基于密度的聚类算法来识别异常轨迹[131]。在这种方法中,那些近邻数量太少的轨迹被归类为异常轨迹[132]。另一类轨迹异常检测方法基于分类方法[133],首先从轨迹中提取一组预定义的特征,然后对提取的特征应用标准距离度量方法,最后根据邻域阈值等相关参数检测出异常值。

表1.2列出本章介绍的轨迹数据挖掘问题相关文献的分类情况。

表 1.2　轨迹数据挖掘问题文献分类

类别	方法	用户层次		
		个体	群体	社团
初级方法	分类	陈冬祥等[59]	刘磊等[107]	Cui 等[134]
	聚类	杨震等[110]	Lee 等[108]	刘洪伟等[62]，Liu 等[129]
	关联规则	Tang 等[35]，Fournier 等[36]，Hong 等[37]	Cantabella 等[135]	Gandhi 等[136]
次级方法	模式挖掘	Zhang 等[109,137-138]	Li 等[63]，Mao 等[66]，Zheng 等[67]，He 等[68]	Li 等[63]，李君轶等[70]，徐欣等[71]，Gong 等[127]
	异常检测	Raphaeli 等[139]	Zhang 等[132]	Urena 等[128]

1.2.4　国内外相关研究工作小结

移动情境感知环境下的用户行为模式研究的三大关键议题：其一，如何精准地表达与存储移动情境信息，这是构建理解用户行为基础的关键步骤；其二，探索移动情境与用户行为模式之间错综复杂的内在联系，旨在揭示情境因素如何塑造并影响用户的行为决策；其三，开发高效的用户行为模式挖掘技术，以从海量数据中提炼出有价值的用户行为规律。不仅是推动移动情境感知服务迈向实践应用的重要基石，也为相关领域的数据处理策略与技术革新提供了坚实的支撑。尽管学术界已在该领域取得了诸多进展与成就，但随着研究的不断深入以及根据实际应用领域的需求，还存在一些问题需要做进一步研究。

1. 面向个体用户的行为模式挖掘方法存在的问题

面向个体用户的行为模式挖掘问题，既要紧密围绕用户的个性化特征，如偏好与行为习惯，还需动态融入个体的各种实时情境，以实现行为模式的精准刻画与动态更新。移动情境感知数据的主要特点是海量性、高维度及多源异构等，现有数据存储架构的局限性日益凸显，无法满足传感器数据有效融合、快速增长及高并发访问的需求，并且在结构上缺乏有效的可扩展性，限制了数据处理与分析的深度与广度。针对个体用户行为模式的研究还存在以下几点关键挑战。(1)实时情境对行为模式的动态影响，现有研究往往未能充分捕捉并量化个体用户所处实时情境对其行为模式的即时且复杂的影响机制，这要求我们在模型构建中引入更为精细的情境感知能力,以实现对行为模式变化的即时捕捉与预测。(2)全局平均度量策略的局限性:传统行为模式挖掘方法多采用全局平均策略,导致挖掘结果倾向于个体用户的长期习惯而对近期偏好的变化没有足够的重视。因此,需探索更加灵活且适应性强的度量方法,以平衡长期习惯与短期偏好的影响。(3)评估指标体系的单一性:单纯依赖支持度、置信度作为评估指标存在片面性,难以全面反映行为模式的实际价值与应用潜力。为此,需构建多维度、综合性的评估体系,以更准确地评估行为模式的意义与影响。

2. 面向群体用户的行为模式挖掘方法存在的问题

面向群体用户的行为模式挖掘方法应侧重于精准捕捉用户间的共性情境特征。鉴于群体用户的轨迹数据呈现出数据体量大、结构复杂化的特点,行为模式挖掘算法应具备高运算效率,能够实现以群体为单位的行为模式的快速解析。尽管该领域已取得一定进展,但仍面临若干关键挑战亟待解决。(1)大规模轨迹数据处理能力的局限:当前的空间聚类算法虽能识别任意形状的簇,但在处理群体用户产生的大规模轨迹数据时显得力不从心,既无法确保处理效率,也难以满足群体行为模式快速挖掘的需求。因此,本书在算法设计上需兼顾聚类精度与数据处理速度,创新性地优化算法结构以适应大数据环境。(2)移动情境差异性的忽视:现有方法虽已深入探索了用户移动情境的共性特征,对于理解群体行为模式提供了重要视角,然而,对于群体内部用户间移动情境差异性考量不足。这种差异性的忽视可能导致挖掘结果的片面性,无法全面反映群体行为的多样性。因此,未来的研究应加强对用户间移动情境差异性的分析,以构建更为精细的行为模式模型。(3)时间与空间属性的割裂处理:用户行为模式本质上是一个时空交织的复杂系统,现有数据挖掘方法往往将时间和空间属性割裂处理,如先空间、后时间的分步挖掘策略,这种处理方式忽略了时空属性的内在关联性,限制了挖掘结果的深度和准确性。为克服此局限,需开发能够同步融合时间和空间属性的新型挖掘算法,以实现对用户行为模式更全面、更深入的洞察。

3. 面向社区用户的行为模式挖掘方法存在的问题

社区用户是社会网络中表现出高度社会化共性的联合群体。当前针对社区用户行为模式的探索路径上,面临几项亟待解决的关键挑战。(1)相似性评估机制的局限性:社区用户所处的情境环境纷繁复杂,不仅层次多样且数量庞大,现有相似性度量方法由于未能充分考量情境差异对行为模式的影响,难以生成精准且实用的行为模式挖掘结果,进而限制了个性化服务方案的有效性和满意度。（2）忽视了对多维度情境因素的考量：现有聚类过程普遍存在的一个盲点是过度聚焦于时空维度的特性解析，而忽视了诸如气象条件、用户活动偏好及兴趣倾向等多维度情境因素，但如何有效整合并解析这些多源情境数据在行为模式挖掘中的角色与贡献，仍是一个悬而未决的问题。（3）忽略了轨迹数据的语义信息：轨迹数据的语义特性对于深入理解用户行为模式具有不可估量的价值，当前多数行为模式挖掘技术要么过分偏重时间序列的单一维度分析，忽略了语义信息的深度挖掘与融合，要么在尝试融合语义信息时，面临可扩展性瓶颈，难以高效处理由多源、高维轨迹数据带来的复杂性和挑战性。

1.3　研究内容与论文结构

本节将介绍关于移动情境感知环境下的用户行为模式挖掘的主要研究内容及论文结构，简要介绍论文各章的主要内容及逻辑关系，并以技术路线图的形式展示全文内容及各章内容之间的联系。

1.3.1　研究内容

本书旨在深入探讨并构建针对不同移动情境感知用户层次的行为模式挖掘模型和算法，提高移动情境感知系统的个性化服务能力。本书分别开展了三个不同移动情境感知用户层次的四个行为模式挖掘方法方面的研究。内容一聚焦于移动情境感知环境下的个体用户，本书提出了一种嵌套键值模型，该模型有效整合并动态更新了多维移动情境信息。基于此模型进一步设计了可自适应更新的个体用户行为模式挖掘方法。内容二侧重于对个体用户行为模式的效用进行评估，进而实现个体用户行为的序列推荐。本书将移动情境与用户的交互行为紧密结合，通过构建行为效用评估机制，量化了不同情境下用户行为模式的实际价值。内容三转向群体用户层面，构建了一套城市居民的通勤行为模式挖掘框架和空间聚类算法。该框架不仅揭示了城市居民通勤行为的内在规律与模式，还深入探讨了这些模式与城市空间结构之间的复杂关联，为城市规划与交通管理提供了宝贵的决策支持。内容四针对社区用户群体，本书提出了基于社区检测的语义轨迹聚类算法。该算法通过融合语义信息与轨迹数据，实现了对社区用户行为模式的深度挖掘与精准划分，显著提升了社区划分的科学性与准确性。

如何融合感知情境信息，从轨迹数据库中深度挖掘用户行为模式，对于情境感知个性化服务的创新、优化与发展计算社会科学研究范式以及促进其实践应用提供了深远的理论贡献与实际应用价值。本书在设计算法时强调从移动情境感知的角度出发，着重分析并区分了不同用户群体在动态变化的移动情境感知环境中，其行为模式挖掘方法的特异性及其行为特征的差异。

内容一：移动情境感知环境下的个体用户行为模式挖掘方法。

面向个体用户的情境感知行为模式挖掘是指感知单个用户的移动情境，并通过相应的情境推理来识别单个用户的行为模式。本书首先对移动环境下的用户行为模式挖掘问题进行了描述，进而通过构建多层次的情境体系及设计高效的数据结构，建立了情境模型。在此模型基础上，分别提出了全局频繁的和局部频繁的用户行为模式挖掘算法。这两种算法分别针对用户历史情境数据的全局趋势与当前即时情境的局部特征，实现了对用户行为模式更为细致入微的捕捉与解析。

以用户移动情境信息为中心开展个性化精准服务，这与精准营销理念中"以用户为中心"的核心原则不谋而合。通过精准把握用户的消费偏好、行为模式等个性化特征，可以为用户提供更加贴合其需求的个性化服务，显著提升用户体验。同时，这一策略也助力企业制定更为精准有效的营销策略，有效降低运营风险。

内容二：移动情境感知环境下的 Top-N 高效用个体用户行为模式挖掘方法。

Top-N 高效用个体用户行为模式挖掘是引入效用作为评估行为模式重要性的关键指标，旨在识别并提取出个体用户最具价值的 N 个序列行为模式。本书以网约出租车驾驶员追求高预期收益的运营模式为具体案例，设计了效用函数，该函数能够精确计算每笔订单带来的经济收益。在此基础上，本书构建了可动态更新的高效用序列树（HUST），用于挖掘预期 Top-N 高收益的订单序列。为优化挖掘过程，本书创新性地提出了结点效用和路径效用两个剪枝策略，这些策略有效缩减了候选行为模式的集合规模。进一步地，本书依据个体用户的实时情境动态更新 Top-N 高效用行为模式，从而为用户提供高度个性化的移动情境感知服务。

本书所构建的效用函数和算法并不局限于出租车驾驶员高预期收益订单的挖掘问题，还可灵活拓展至旅游线路规划、物流配送优化等多元化个体用户高效用行为模式挖掘领域，展现出强大的应用潜力和价值。

内容三：移动情境感知环境下的群体用户行为模式挖掘方法。

面向群体用户的移动情境感知行为模式挖掘，针对的不再是某个特定的用户，而是转变为关系松散的用户群体。整合群体中各成员的情境信息，才能准确地描述群体用户的情境,进而识别并解析群体的行为模式。本书以城市居民的通勤行为模式挖掘问题为例,构建了一个城市居民的通勤行为模式挖掘框架,旨在探索城市居民群体通勤行为的内在规律及其与城市空间结构之间的相互作用机制。群体用户层面的移动情境感知行为模式挖掘方法更强调群体间的共性情境,这也为理解群体行为模式提供了新的视角。

出租车轨迹数据作为城市动态交通信息的宝贵资源,其蕴含的时间、空间及语义特征为揭示城市居民通勤行为模式提供了丰富的数据基础。通过深度挖掘这些数据,能够从微观层面洞悉个体出行习惯,同时从宏观层面把握城市空间结构的动态变化,为城市规划、交通管理等领域的决策提供科学依据。

内容四:移动情境感知环境下的社区用户行为模式挖掘方法。

面向社区用户的移动情境感知行为模式挖掘所针对的是具有某种互动关系或社交关联的联合群体的行为模式挖掘问题。现实生活中,不同职业或兴趣爱好的人们逐步形成一种群体结构,即社会网络中的一种社区现象,也就是说,社区用户是在群体用户基础之上依据社会特性进一步划分产生的联合群体。社区用户情境的多层次性、数量差异及相似性评估的精准性,直接关乎个性化服务的质量与效果,因此,本书在行为模式挖掘中深入地考量了社区用户情境属性的多维度特性。

传统轨迹聚类方法多局限于时间或空间维度的相似性度量,忽视了轨迹间蕴含的丰富语义信息,这可能导致聚类结果虽在时空上相近,却在实际意义上大相径庭。现有的语义轨迹聚类算法往往局限于时空轨迹之间的局部语义关系,而缺乏对轨迹间全局语义关系的洞察。基于当前方法的不足,本书提出了一种基于网络社区检测的语义轨迹聚类算法,该算法从网络角度出发,能够有效捕捉轨迹之间的局部关系和全局关系,全面评估轨迹间相似性,从而显著提升轨迹聚类的准确性和实用性。

本书所构建的面向社区用户的移动情境感知行为模式挖掘方法,在个性化推荐与智能决策支持领域展现出广阔的应用前景。以智慧旅游为例,该方法能够精准分析游客的移动行为与偏好,提供定制化的景点与路线推荐,优化游客体验;同时,也为旅游企业提供了精准营销与运营优化的科学依据,助力企业降低运营成本,增强市场竞争力。

本书主要研究内容及逻辑关系图,如图1.5所示。

1.3.2　本书结构

本书共分为6章,各章的具体组织结构如下。

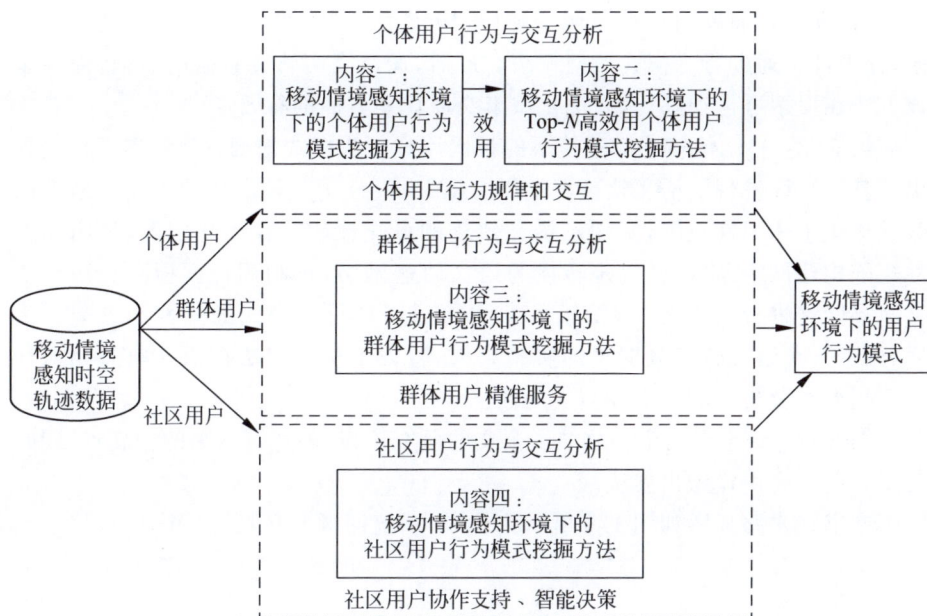

图 1.5　主要研究内容及逻辑关系图

第 1 章：绪论。本章阐述了研究背景和研究意义，以及对移动情境感知计算、行为模式挖掘和轨迹数据挖掘等国内外研究进展的总结，通过系统梳理与深入分析，揭示了当前研究存在的局限与不足。在此基础上，明确提出了本书的研究目标、核心内容及整体框架，为后续章节奠定了坚实的理论基础与研究方向。

第 2 章：移动情境感知环境下的个体用户行为模式挖掘方法。本章首先构建了移动情境感知系统的理论框架，随后提出了一种非关系型数据描述模型——嵌套键值模型，进而构建了基于规则的多维序列模式挖掘算法 MSP 及其改进算法 UTDMSP，通过真实数据集的实验验证，充分展示了该模型与算法在个体行为模式挖掘中的高效性与准确性。

第 3 章：移动情境感知环境下的 Top-N 高效用个体用户行为模式挖掘方法。以出租车驾驶员追求高收益的运营行为模式为具体案例，本章首先定义了订单效用函数，以量化评估不同运营策略的经济价值。随后，构建了高效用序列树结构，并提出了相应的高效用序列模式挖掘算法。实验结果表明，该算法在出租车运营数据集上能够有效识别出 Top-N 高效用行为模式，可以为驾驶员提供科学的运营决策支持。

第 4 章：移动情境感知环境下的群体用户行为模式挖掘方法。以城市居民的通勤行为模式为具体案例，本章首先提出了基于网格热度的密度峰值聚类方法,以精准识别通勤的热点区域。随后,构建了工作居住指数以划分城市功能区,并设计了通勤行为模式挖掘算法。最后,通过真实轨迹数据的验证,证明了该方法在揭示群体通勤规律、优化城市交通规划方面的有效性。

第 5 章:移动情境感知环境下的社区用户行为模式挖掘方法。本章首先提出了基于社区发现的语义轨迹聚类研究框架,设计了一种泛化的语义相似度函数并构建了相似性矩阵,实现了语义轨迹的量化比较。在此基础上,利用相似性矩阵构建网络,将语义轨迹转换为语义轨迹网络,再利用社区检测算法对语义轨迹网络进行聚类分析,揭示了社区内部用户行为模式的共性与差异。最后,两个真实语义轨迹数据集的实验结果,验证了所提方法在语义轨迹相似性计算与聚类分析中的合理性与实用性。

第 6 章:结论与展望。总结了全文的研究工作,阐述了本书的创新点,同时对未来的研究工作做出展望。

本书技术路线图如图 1.6 所示。首先,系统回顾并分析了国内外在移动情

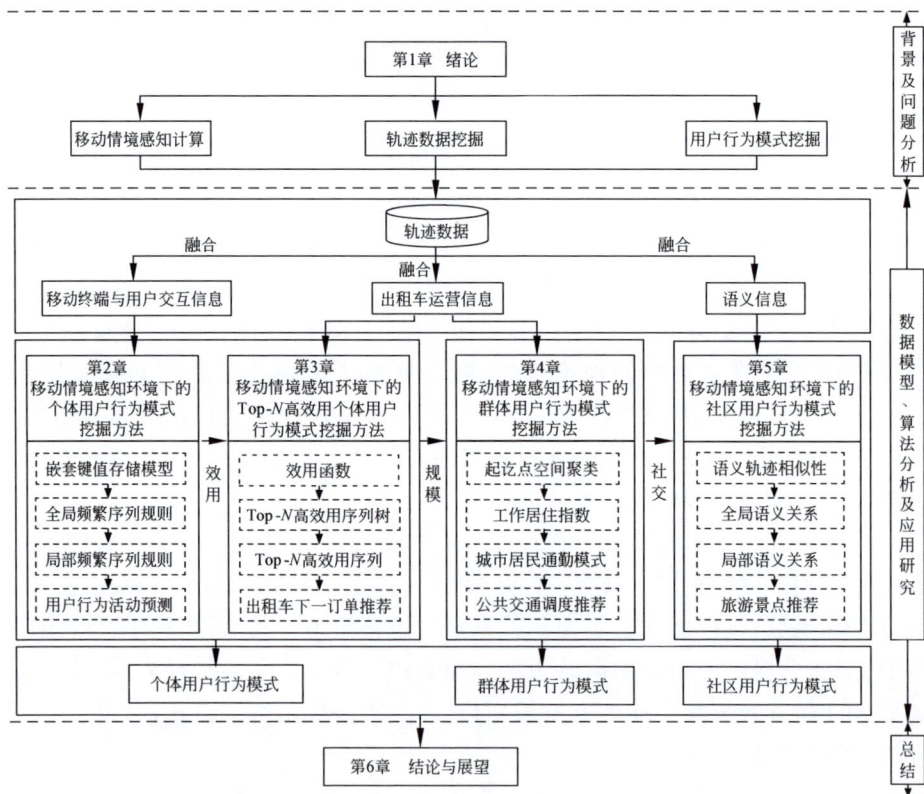

图 1.6　技术路线图

境感知计算、用户行为模式挖掘及轨迹数据挖掘领域的既有研究成果,明确了本书的研究焦点与问题定位。随后,在轨迹数据基础上融合用户交互、出租车运营和语义等多维度情境感知信息,围绕移动情境感知环境下用户情境的表示方法和行为模式挖掘算法等问题,分别展开了移动情境感知环境下的个体用户行为模式挖掘、Top-N 高效用个体用户行为模式挖掘、群体用户行为模式挖掘和社区用户行为模式挖掘问题的分析和算法设计,并将所构建的算法和框架进行了应用研究。最后,本书总结了研究成果,并对未来研究方向进行了展望,旨在为后续研究提供新的思路与方向,推动移动情境感知计算与行为模式挖掘领域的持续发展。

第2章

移动情境感知环境下的个体用户
行为模式挖掘方法

移动情境感知环境下的个体用户行为模式挖掘是从海量、动态的移动情境数据中提炼出用户特有的、可重复的行为规律与兴趣倾向。在不同的情境下,用户的行为表现与兴趣焦点展现出显著的差异性。为此,移动情境感知的个体用户行为模式挖掘应当需具备高度的敏捷性,以实时捕捉并响应情境变化,进而识别并刻画出个体用户在特定情境下的行为模式。因此,本章首先对基于个体用户情境的行为模式挖掘问题进行形式化描述。随后,介绍并分析了该领域内的既有研究成果,紧接着,探讨了移动环境下个体用户情境的复杂性与多维度特性,并据此构建了一套情境模型。在此基础上,提出了融合用户情境信息的长期与短期行为模式挖掘算法。通过这两种算法的有机结合,能够更加全面、深入地理解个体用户在移动情境感知环境下的行为规律与兴趣偏好,为个性化服务、精准营销等领域提供有力的数据支持与决策依据。

2.1 问题描述与研究框架

在动态变化的移动情境感知场景中,用户的物理位移导致其空间情境和活动情境发生改变,而情境的改变促使用户灵活调整自身行为模式,以与情境相适应,相协调。例如用户的出行规划、购物决策及信息服务选择等均受到时间情境、空间情境以及个体行为习惯与兴趣偏好的共同作用。这就对服务提出了更高要求,即服务的移动性、智能化与个性化。本章聚焦于当用户的时间情境和空间情境发生变化时，如何高效整合并分析用户的行为模式、日常习惯及个性化兴趣，以精准推送符合其当前需求的信息或服务。

本章提出了一种创新的基于序列规则的移动情境感知系统，该系统包括情境获取、情境建模、情境推理和情境应用四个模块，如图 2.1 所示。

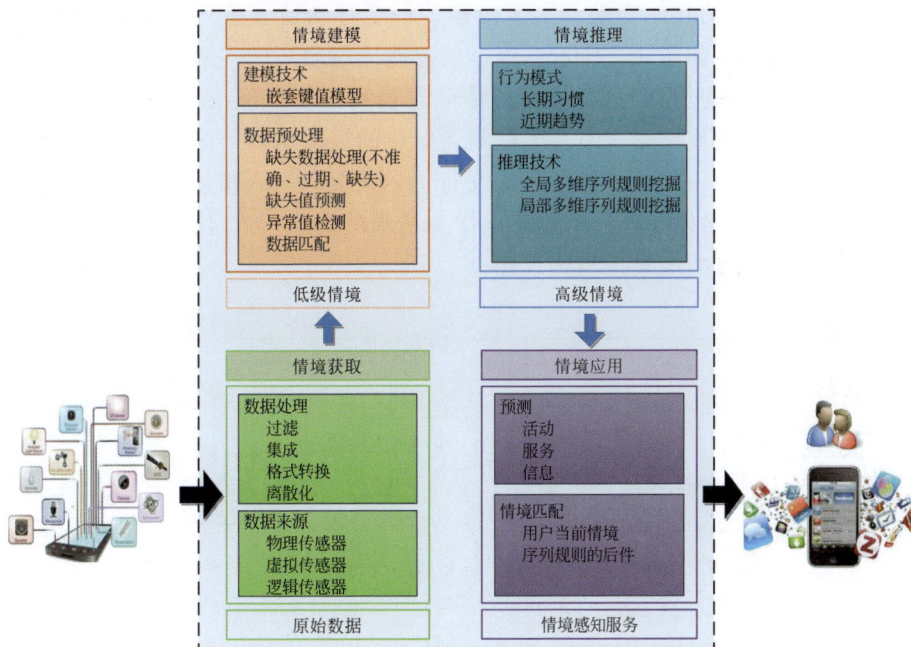

图 2.1　基于序列规则的移动情境感知系统框架

（1）情境获取模块，此模块收集移动情境感知环境下用户行为模式挖掘所需的数据源，它集成了移动情境感知数据（如位置、速度、环境状态等）与用户交互行为信息（如点击、滑动、语音指令等）。

（2）情境建模模块，该模块将原始、异构的情境感知数据与用户交互行为信息表示成标准化、结构化且计算机易于理解的格式，以确保数据的一致性与可处理性。

（3）情境推理模块，此模块从低层次情境信息推理出高层次情境信息，挖掘移动情境与用户交互行为之间的内在联系，识别并构建出用户的典型行为模式。

（4）情境应用模块，作为系统的最终输出端，该模块负责将用户当前所处的具体情境与情境推理产生的用户行为模式进行匹配，一旦匹配成功，即触发智能移动设备执行相应的主动服务操作，如自动调整屏幕亮度、推送个性化内容或启动特定应用等。

随着移动智能设备以及人工智能技术的迅猛发展，已经有大量工作聚焦于用户情境的理解和识别。在此背景下，Dey[5] 提出的情境感知系统定义被广泛接受：使用情境提供相关的信息和（或）服务的系统是情境感知系统，其中的相关性取决于用户的具体需求。本章构建了一个移动情境感知环境下的用户行为模式挖掘框架，如图 2.2 所示。该框架智能终端收集的多源异构情境感知数据和用户交互行为信息为输入，经过情境建模和情境推理，提炼出用户行为模式，并存储于序列规则库。当系统检测到用户的当前情境与序列规则中的前件匹配时，能够预测用户即将发生的交互行为，即"情境 1∧ 情境 2∧ ⋯→行为"，其中无论是作为触发条件的情境还是作为结果的交互行为，均融入了时间维度信息，以增强预测的准确性和时效性。

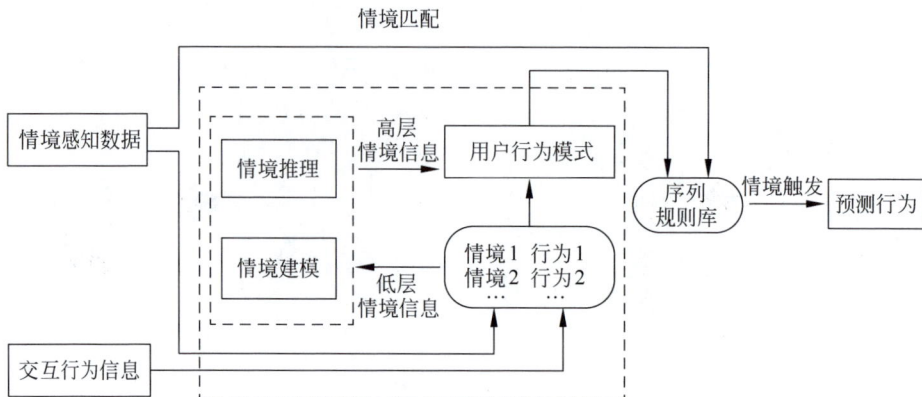

图 2.2　移动情境感知环境下的用户行为模式挖掘框架

2.2　频繁多维序列模式挖掘算法

个体用户的移动情境感知数据记录了用户的空间位置、时间、物理环境和交互行为信息。本章研究目的是从个体用户的多维情境感知数据中挖掘出具有代表性的行为模式，进而为个体用户在动态变化的移动环境中提供高度个性化的服务体验。本节主要包括多维序列模式表示方法、嵌套键值存储模型设计、全局频繁多维序列模式挖掘算法构建以及支持局部更新的频繁多维序列模式挖掘算法。

2.2.1　频繁多维序列模式的表示

为了在移动情境和用户交互行为组成的多维属性集合中提取用户行为模式,从中提炼出具有代表性的规则,本书引入了"快照"来描述从时间域到多维属性空间的映射。

定义:快照

给定一个从离散时间域 $T=\{t_1,t_2,\cdots,t_n\}$ 到 $(m+1)$ 维属性空间 $D=\{D_1,D_2,\cdots,D_{m+1}\}$ 的映射函数 E: $T\rightarrow D$,映射 $E(t_i)=\{d_1,d_2,\cdots,d_{m+1}\}$, $i=1,2,\cdots,n$,被称为 t_i 时刻的快照,其中 $d_k\in\text{dom}(D_k)$, $k=1,2,\cdots,m+1$,表示第 k 个属性的状态。

一般地, $D_1,D_2,\cdots,D_m$ 是移动情境感知数据的不同属性,而 $\{D_{m+1}\}$ 是用户与智能手机的交互行为信息, $\text{dom}(D_k)$ 是第 k 个属性 $\{D_k\}$ 的值域。

定义:多维项

多维项 e 是快照的子集,即

$$e=\{(d_k)\mid k\in[1,m+1],d_k\in\text{dom}(D_k)\} \qquad (2.1)$$

定义:多维序列

多维序列 Seq_T 是定义在离散时间域 T 上的非空二元组 (e,t) 的有序列表,记为 $\text{Seq}_T=\{(e,t)\mid t\in T\}$,多维序列数据库则是多维序列的集合,记为 $\text{SeqDB}=\{\text{Seq}_1,\text{Seq}_2,\cdots,\text{Seq}_N\}$, Seq_j 是 SeqDB 中第 j 个序列, $j\in\{1,2,\cdots,N\}$。

例如, $t_1,t_2\in T$,且 $t_1\leqslant t_2$,项 $e_1=\{d_1=\text{地铁},d_2=\text{傍晚},d_3=\text{下雨}\}$ 是一个由位置、时间和天气属性描述的情境,项 $e_2=\{d_4=\text{听音乐}\}$ 则描述用户使用手机听音乐的交互行为,多维序列 $s=\{(e_1,t_1),(e_2,t_2)\}$ 表示用户在下雨天傍晚乘坐地铁时使用手机听音乐。

在动态变化的移动环境中,虽然情境数据是持续收集的,但是用户交互行为却呈现出一种非连续、间断性的特征。鉴于此,为了有效处理这种时间上的非均匀性,应该允许项之间存在一定的时间间隔,此处引入两个阈值 gap(间隔)和 width(宽度)。gap 是任意两个相邻用户交互事件之间所允许的最大时间间隔,而 width 则进一步界定了从数据序列起始至结束,首个与最后一个交互事件之间所允许的最大时间跨度[122]。在本章中,任一时间点上允许有多个交互事件发生,同一个交互事件也可以在多个时间点重复发生。

定义:子序列

$\text{Seq}_T=\{(e_1,t_1),(e_2,t_2),\cdots,(e_l,t_l)\}$ 是时间域 $T=\{t_1,t_2,\cdots,t_l\}$ 上的序

列,$\mathrm{Seq}_{T'}=\{(e_{1'},t_{1'}),\cdots,(e_{l'},t_{l'})\}$ 是时间域 $T'=[t_{1'},t_{l'}]$ 上的序列,Seq_T 是 $\mathrm{Seq}_{T'}$ 的子序列,当且仅当:(1) $\exists 1\leqslant j_1\leqslant j_2\leqslant\cdots\leqslant j_l\leqslant l',e_1=e_{j_1},e_2=e_{j_2},\cdots,$ $e_l=e_{j_l}$;(2)$t_1'\leqslant t_1\leqslant\cdots\leqslant t_l\leqslant t_l'$。

定义:子序列有效发生

Seq_T 是 $\mathrm{Seq}_{T'}$ 的子序列,且 Seq_T 中各多维项的时间满足:(1)$t_{i+1}-t_i\leqslant$ gap,$\forall i=1,\cdots,l-1$;(2)$t_l-t_1\leqslant$ width,则称子序列 Seq_T 在序列 $\mathrm{Seq}_{T'}$ 上有效发生,有效发生次数记为 $|\mathrm{Occr}(\mathrm{Seq}_T,\mathrm{Seq}_{T'},\mathrm{gap},\mathrm{width})|$。

如表 2.1 所示,$S_1=\{(a,1),(a,2),(a,3),(c,4),(b,5),(a,6),(c,7),$ $(c,8),(c,9)\}$ 是时间域 $\{1,2,\cdots,9\}$ 上的一个序列,a,b,c 是多维属性空间子集的状态,设两个阈值:gap=2,width=5,则子序列 $s_1=\{(a,3),(b,5),(c,7)\}$ 在序列 S_1 上有效发生 1 次,$|\mathrm{Occr}(s,S_1,2,5)|=1$,而 $s_2=\{(a,1),(b,5),(c,7)\}$、 $s_3=\{(a,2),(b,5),(c,7)\}$ 则因为不满足阈值条件,没有在序列 S_1 上有效发生,因此,$|\mathrm{Occr}(s_2,S_1,2,5)|=0$,$|\mathrm{Occr}(s_3,S_1,2,5)|=0$。

表 2.1　序列数据库

序　　号	序　　列
S_1	$\{(a,1),(a,2),(a,3),(c,4),(b,5),(a,6),(c,7),(c,8),(c,9)\}$
S_2	$\{(a,1),(a,2),(b,3),(c,4),(d,5),(d,6),(d,7),(f,8),(f,9)\}$
S_3	$\{(a,1),(b,2),(b,3),(c,4),(b,5),(a,6),(c,7),(b,8),(c,9)\}$
S_4	$\{(a,1),(a,2),(d,3),(d,4),(e,5),(e,6),(e,7),(d,8),(d,9)\}$
S_5	$\{(a,1),(b,2),(b,3),(a,4),(d,5),(d,6),(e,7),(e,8),(e,9)\}$

在特定场景下,一个子序列尽管在数据库全局范围内展现的平均频率低于最小支持度阈值,但是在近期,时间窗口内发生的频率却显著提升,这一现象往往映射出用户行为的新动向,特别是对新服务或功能的尝试与接纳[31]。本章致力于在移动情境感知框架下深入探索用户行为模式,不限于识别全局范围内频繁出现的子序列模式,更着重于挖掘那些局部频繁的子序列。此类局部频繁模式可以视为用户偏好及行为趋势的最新指示器,对于理解并预测用户行为的即时变化具有不可估量的价值。

定义:频繁子序列

子序列 Seq 在序列数据库 $\mathrm{SeqDB}=\{\mathrm{Seq}_1,\mathrm{Seq}_2,\cdots,\mathrm{Seq}_N\}$ 中是频繁的,如果满足下列条件之一:

$$\frac{|\mathrm{Occr}(\mathrm{Seq},\mathrm{SeqDB},\mathrm{gap},\mathrm{width})|}{N}\geqslant\mathrm{MinSup} \qquad (2.2)$$

$$\frac{|\mathrm{Occr}(\mathrm{Seq},\mathrm{SeqDB},\mathrm{gap},\mathrm{width})|}{N-\mathrm{start}(\mathrm{Seq})+1}\geqslant\mathrm{MinSup} \qquad (2.3)$$

其中 MinSup 是由用户设定的最小序列支持度阈值。

如果式(2.2)成立,则 Seq 在序列数据库 SeqDB 中是全局频繁的子序列,其序列编号范围为$[1,N]$;否则,判断式(2.3)是否成立,若成立,则 Seq 是序列编号范围$[start(Seq),N]$上的局部频繁子序列。$start(Seq)$是满足$[start(Seq),N]$范围内子序列频繁的第一个序列序号,在递归寻找能够满足式(2.3)的$[start(Seq),N]$区间的过程中,每次$start(Seq)$递增1,$|Occr(Seq,SeqDB,gap,width)|$则递减1,直到式(2.3)满足或$|Occr(Seq,SeqDB,gap,width)|=0$。本章重点考虑的是子序列在序列数据库中多个序列里发生的情况,而不是子序列在同一个序列中重复出现的情况。

如表 2.1 所示,序列数据库 $S=\{S_1,S_2,S_3,S_4,S_5\}$,设 MinSup$=0.6$,$a$,$b$,$c$,$d$,$e$,$f$ 是该序列数据库中的子序列(长度为1),从中可以观察到两点:其一,子序列 c 在序列数据库中的支持度虽然满足最小支持度而被认为是频繁子序列,但是在近期的两个序列 S_4 和 S_5 中并没有出现,可能是用户已经不再使用的服务项目;其二,子序列 e 虽然在整个序列数据库中不是频繁发生的,但是其在序列编号$[4,5]$的局部频率满足式(2.3),它在一定程度上预示着用户新的喜好和行为的产生。

定义:序列规则

频繁子序列 $Seq_T=\{(e_1,T_1),\cdots,(e_{l-1},T_{l-1}),(e_l,T_l)\}$,其中,$\{(e_1,T_1),\cdots,(e_{l-1},T_{l-1})\}$是由多维项组成的描述情境的序列,也是该子序列的前缀,记为 $prefix(Seq)$,(e_l,T_l)表示用户的交互行为,子序列 Seq 在序列数据库中的置信度:

$$SeqConf=\frac{|Occr(Seq,SeqDB,gap,width)|}{|Occr(prefix(Seq),SeqDB,gap,width)|} \tag{2.4}$$

如果 SeqConf 不低于最小置信度 MinConf,则可以产生序列规则 $r:\{e_1,e_2,\cdots,e_{l-1}\}\rightarrow e_l$,此处,规则前件仅限于相同维度的情境数据。

移动情境感知环境下的用户行为模式挖掘即从序列数据库 SeqDB 中首先寻找全局频繁子序列和局部频繁子序列,然后从中挑选出置信度大于或等于用户定义阈值 MinConf 的所有子序列,生成序列模式规则。

2.2.2　嵌套键值数据模型

为了将智能手机收集的情境数据和用户交互行为信息表示为统一的情境模型,本章构建了一种基于嵌套键值模型的数据存储方式。扫描一次序列数据库,将其映射为非空嵌套键值$(e_i:(S_i:T_i))$的集合。

$$\text{SeqDB} = \{(e_i:(S_i:T_i)) \mid e_i \in E, S_i \in S, T_i \in T\} \qquad (2.5)$$

其中 e_i 是由确定属性域所描述的多维项集合 E 的元素,作为该模型的父键; $(S_i:T_i)$ 是模型中相对于父键的值,序列编号 S_i 是序列数据库编号集合 S 的元素,表示发生多维项 e_i 的序列,是模型中的子键,T_i 是多维项 e_i 在编号为 S_i 的序列中发生的时间信息集合,是序列数据库时间信息集合 T 的子集。表 2.1 中序列数据库 $S=\{S_1,S_2,S_3,S_4,S_5\}$ 经过一次数据库扫描,映射为嵌套键值模型的数据描述形式,如表 2.2 所示。

表 2.2　嵌套键值序列数据库

序　号	嵌套键值存储结构
1	$\{a:(S_1:(1,2,3,6),S_2:(1,2),S_3:(1,6),S_4:(1,2),S_5:(1,4))\}$
2	$\{b:(S_1:(5),S_2:(3),S_3:(2,3,5,8),S_5:(2,3))\}$
3	$\{c:(S_1:(4,7,8,9),S_2:(4),S_3:(4,7,9))\}$
4	$\{d:(S_2:(5,6,7),S_4:(3,4,8,9),S_5:(5,6))\}$
5	$\{e:(S_4:(5,6,7),S_5:(7,8,9))\}$
6	$\{f:(S_2:(7,8))\}$

将每个序列中同一个多维项的时间信息放入集合,一是可以节省存储空间;二是在计算支持度时仅需要扫描"键"对应的值,不再需要扫描整个数据库,计算速度更快。

定义:序列连接

给定两个序列 $\text{Seq}_1 = \{(e_{1,1}:(S_{1,1}:T_{1,1})),\cdots,(e_{1,l}:(S_{1,l}:T_{1,l}))\}$ 和 $\text{Seq}_2 = \{(e_{2,1}:(S_{2,1}:T_{2,1})),\cdots,(e_{2,l}:(S_{2,l}:T_{2,l}))\}$,其中长度 $l \geqslant 2$,如果对于任何 $i=2,3,\cdots,l$,都有 $e_{1,i}=e_{2,i-1}$,则 Seq_1 和 Seq_2 是可连接的,连接结果:

$$\text{concat}(\text{Seq}_1,\text{Seq}_2) = \{(e_{1,1}:(S_{1,1}:T_{1,1})),\cdots,(e_{1,l}:(S'_{1,l}:T'_{1,l})),$$
$$(e_{2,l}:(S_{2,l}:T_{2,l}))\} \qquad (2.6)$$

其中 $S'_{1,l}$ 与 $T'_{1,l}$ 分别是连接操作后产生的新序列的序列编号集合与时间信息。

连接操作由两个长度为 l 的序列产生一个长度为 $l+1$ 的新序列,由于控制序列每次增长的长度为 1,避免了组合爆炸。此操作具有向下闭合特性。初始情况下,两个项(即长度为 1 的序列)直接连接在一起形成长度为 2 的一个新序列,连接操作迭代生成所有可能的序列,存储在候选集中,结合序列的 gap 和 width 时间约束和支持度阈值进行判断,不低于阈值的候选集存储于频繁集中,如此,直到不再产生任何候选集为止。

2.2.3　全局频繁多维序列模式挖掘算法

全局多维序列模式挖掘算法(Multidimensional Sequence Pattern,MSP)是在 GSP 算法[140]基础上构建的,使用本书改进的嵌套键值模型存储多维序列数据库,结合 gap、width 时间阈值和 Apriori 属性,计算候选子序列在整个序列数据库中的全局支持度,若满足最小支持度阈值,则加入频繁子序列集,产生频繁序列模式。全局多维序列挖掘算法 MSP 设计流程如下。

步骤 1　参数设定。设置时间间隔 gap、时间宽度 width、最小支持度 MinSup 和最小置信度 MinConf。

步骤 2　初始化序列数据库。扫描一次序列数据库 SeqDB$=\{$Seq$_1$,Seq$_2$,$\cdots$,Seq$_N\}$,将其映射为非空键值模型,存储于序列数据库中,SeqDB$=\{(e_i:(S_i:T_i))|e_i\in E,S_i\in S,T_i\in T\}$,初始化频繁序列集 Freq$_k=[\,]$。

步骤 3　生成长度为 2 的候选子序列集 Cand$_2$。计算每一子序列(长度为1)的支持度,由满足最小支持度阈值的子序列生成候选子序列集,Cand$_2=\{($Seq$:S)|$Seq$=(e_1,e_2),S=S_1\bigcap S_2\neq\varnothing\}$。

步骤 4　若 $k\geqslant2$,计算 k 项候选集 Cand$_k$ 中每个候选子序列在 gap 和 width 两个时间约束下的支持度,若式(2.2)成立,即候选子序列的支持度不低于用户设置的最小支持度 MinSup,则该子序列在整个数据库中是频繁的,放入频繁子序列 Freq$_k$ 中;否则,该子序列是非频繁的,根据 Apriori 属性将其剪枝。

步骤 5　生成长度为 $k+1$ 的候选子序列集 Cand$_{k+1}$。若 Seq$_1$ 与 Seq$_2$ 是可连接的,则根据式(2.6),Cand$_{k+1}=\{($Seq$,S)|$Seq$=$concat$($Seq$_1,$Seq$_2)$,Seq$_1$,Seq$_2\subseteq$Freq$_k$,且 Seq$_1$,Seq$_2$ 是可连接的,$S=S_1\bigcap S_2\}$。

步骤 6　重复步骤 4 和步骤 5,直到不再产生新的候选子序列时终止。

步骤 7　生成多维序列规则。称子序列 Seq 的最后一项为后缀 suffix(Seq),除后缀以外的部分为前缀 prefix(Seq)。若频繁子序列 Seq 的置信度满足最小置信度阈值且 suffix(Seq)是用户的交互行为,则产生多维序列规则 prefix(Seq)$\rightarrow$suffix(Seq)。

步骤 8　返回多维序列规则集 R。重复步骤 7,直至所有频繁子序列都计算完毕,将所有多维序列规则存储于规则集 R。

2.2.4　局部频繁多维序列模式挖掘算法

MSP 算法虽然能够在移动情境感知环境下识别智能手机用户长期保持的

行为习惯,却未能充分考虑用户行为偏好在近期内的动态变化。在图 2.3 中,矩形表示时间轴,左侧代表历史时段,右侧则指向当前时刻,圆形与三角形代表两种不同行为。值得注意的是,圆形所代表的行为虽在全局范围内享有较高的支持度,但其分布主要集中于过去某一时段,近期内鲜有出现,这揭示了该行为更多地反映了用户的旧有习惯偏好。相反,三角形所标识的行为,尽管在全局视角下支持度相对较低,却在近期内展现出较高的局部支持度,且频繁发生,明确指示了用户当前行为偏好的新趋势。鉴于此,全局频繁多维序列模式挖掘算法虽能有效挖掘出平均密度超过设定阈值的长期行为模式,却存在局限性,即难以捕捉那些近期内频繁发生且局部密度显著增高的行为偏好变化。

图 2.3   行为的全局密度和局部密度

为了解决这一问题,本节针对 MSP 算法进行了优化与创新,构建了一个名为 UTDMSP(Up-to-Date Multidimensional Sequence Pattern,UTDMSP)的挖掘算法。该算法不仅能够提取用户的长期行为偏好,更关键的是,它能够敏锐捕捉并反映用户行为模式中的新兴趋势与变化,从而为用户提供更为精准与实时的洞察[76]。UTDMSP 算法设计流程如下。

步骤 1   参数设定。设置时间间隔 gap、时间宽度 width、最小支持度 MinSup 和最小置信度 MinConf。

步骤 2   初始化序列数据库。扫描一次序列数据库 $SeqDB=\{Seq_1,Seq_2,\cdots,Seq_N\}$,将其映射为非空键值模型,存储与序列数据库中,$SeqDB=\{(e_i:(S_i:T_i))|e_i\in E,S_i\in S,T_i\in T\}$,初始化频繁序列集 $Freq_k=[\,]$。

步骤 3   生成长度为 2 的候选子序列集 $Cand_2$。计算每一子序列(长度为 1)的支持度,由满足最小支持度阈值的子序列生成候选子序列集 $Cand_2=\{(Seq:S)|Seq=(e_1,e_2),S=S_1\bigcap S_2\neq\varnothing\}$。

步骤 4   若 $k\geqslant 2$,计算 k 项候选集 $Cand_k$ 中每个候选子序列在 gap 和 width 两个时间约束下的支持度,若式(2.2)成立,即候选子序列的支持度不低于用户设置的最小支持度 MinSup,则该子序列在整个数据库中是频繁的,将该子序列及其时间域放入频繁子序列 $Freq_k$ 中;否则,若式(2.3)成立,则存在序列数据库时间域的一个子集,使得该子序列在这个子集内是局部频繁的,将该子序列及其时间域加入频繁子序列集 $Freq_k$ 中;若式(2.2)和式(2.3)均不成立,则该子序列是非频繁的,根据 Apriori 属性将其剪枝。

步骤 5   生成长度为 $k+1$ 的候选子序列集。若 Seq_1 与 Seq_2 是可连接的,则根据式(2.6)，$Cand_{k+1} = \{(Seq, S) \mid Seq = concat(Seq_1, Seq_2), Seq_1, Seq_2 \subseteq Freq_k,$ 且 Seq_1, Seq_2 是可连接的, $S = S_1 \cap S_2\}$。

步骤 6 重复步骤 4 和步骤 5，直到不再产生新的候选子序列时终止。

步骤 7 生成多维序列规则。称子序列 Seq 的最后一项为后缀 suffix (Seq)，除后缀以外的部分为前缀 prefix(Seq)。若频繁子序列 Seq 的置信度满足最小置信度阈值且 suffix(Seq) 是用户的交互行为，则产生多维序列规则 prefix(Seq)→suffix(Seq)。

步骤 8 返回多维序列规则集 R。重复步骤 7，直至所有频繁子序列都计算完毕，将所有多维序列规则存储于规则集 R。

表 2.1 中所示的序列数据库采用 UTDMSP 算法得到的全局和局部频繁子序列如表 2.3 所示，其中，普通字体表示全局频繁子序列，而加粗字体表示局部频繁子序列。

表 2.3 频繁子序列

频繁子序列	时 间 信 息	支持度
ab	$(S_1:(1,2,3,6)(5), S_2:(1,2)(3), S_3:(1,6)(2,3,5,8),$ $S_5:(1,4)(2,3))$	0.8
ac	$(S_1:(1,2,3,6)(4,7,8,9), S_2:(1,2)(4), S_3:(1,6)(4,7,9))$	0.6
$\boldsymbol{ad}$	$(S_2:(1,2)(5,6,7), S_3:(1,2)(3,4,8,9), S_5:(1,4)(5,6))$	0.4
bc	$(S_1:(5)(4,7,8,9), S_2:(3)(4), S_3:(2,3,5,8)(4,7,9))$	0.6
$\boldsymbol{bd}$	$(S_2:(3)(5,6,7), S_5:(2,3)(5,6))$	0.4

在时间复杂度方面，MSP 和 UTDMSP 算法优于传统的关联规则和序列模式挖掘算法 GSP。假设序列数据库中有 N 个离散时间点，MSP 和 UTDMSP 算法在第一次扫描数据库时将序列数据库映射为嵌套键值模型存储，若"键"的数量为 M，则 $M \ll N$，在产生候选子序列以及计算子序列支持度时，仅需扫描 M 个嵌套键值。在挖掘长度同样为 k 的频繁子序列时，MSP 和 UTDMSP 算法的时间复杂度 $O(N+M^k)$ 远低于 GSP 算法的时间复杂度 $O(N^{k+1})$。

2.3 数值实验及结果分析

本章在三个真实数据集——活动日志(Activity_log)[123]、诺基亚情境数据 (Nokia Context Data)[35] 和移动应用程序数据(Frappe)[141] 上进行了实验，实验均使用 80% 数据作为训练集，20% 数据作为测试集，评估所提出的 MSP 算法与 UTDMSP 算法的性能，实验在英特尔酷睿 i5-3230M 2.6GHz CPU 4G RAM

PC 机、64 位 Windows 7 平台、Python 环境下运行。

2.3.1　评估方法

本章采用准确率、召回率和 F1 对实验结果进行评价,TP 是作出预测并且实际发生的序列规则的数量,FP 是没有作出预测但实际发生的序列规则的数量,TN 是作出预测但实际没有发生的序列规则的数量,FN 则是没有作出预测实际也没有发生的序列规则的数量。

$$\text{Precision} = \frac{\text{TP}}{\text{TP} + \text{TN}} \tag{2.7}$$

$$\text{Recall} = \frac{\text{TP}}{\text{TP} + \text{FP}} \tag{2.8}$$

$$\text{F1} = \frac{2 \times \text{Precision} \times \text{Recall}}{\text{Precision} + \text{Recall}} \tag{2.9}$$

准确率表示预测的交互行为实际发生的概率,召回率则表示交互行为能够被预测到的概率,F1 值是兼顾准确率和召回率的评估指标,用于综合反映整体的指标,是目前公认的评价标准。

2.3.2　个体用户日常活动模式识别

个体是社会的基本单位,其行为模式的精准识别对于实施个性化服务及社会活动预测至关重要。具体而言,通过捕捉并分析个体用户的日常行为特征,能够在特定时间节点提供定制化的服务体验,如:在晨间通勤时段,针对偏好咖啡的用户推送专属促销信息,助力用户神清气爽地开始一天的工作;午餐时间,依据用户偏好推荐周边餐厅,丰富其餐饮选择;而于傍晚归家途中,则为热衷于家庭烹饪的个体精准发放生鲜折扣券,简化晚餐筹备流程。在上述场景中,时间情境和空间情境显性或隐形地作用于个体用户的社会活动。下面对 MSP 算法和 UTDMSP 算法在识别个体用户社会活动规律方面的表现进行验证。

实验使用的是活动日志数据集(Activity_log),该数据集由西北工业大学普适计算课题组结合手机记录和在线博客采集个体用户的日常社会活动,包括活动类型(如开会、跑步、购物等)、活动地点(如会议室、体育场、商店等)和活动时间等属性数据。实验中选取星期、时间段和地点三维属性的情境感知数据,如表 2.4 所示。实验中选取最小支持度 MinSup=0.09,最小置信度 MinConf=0.7。

表 2.4　活动日志数据集（Activity_log）描述

类　　型	属　　性	值　　域
移动情境	D₁：地点	［0-14］地点编号
	D₂：星期	［1-7］星期一至星期日
	D₃：时间	［1-4］晚高峰时段、上午、下午、傍晚
交互行为	D₄：用户活动	"d.［0-12］"用户活动

阈值 gap 和 width 的选取需要面向不同的应用情境。Activity_log 数据集中的情境数据在收集阶段每秒钟采集一次，因此时间阈值 gap 和时间窗口 width 以"s"（秒）为单位。另外，Activity_log 是记录个体用户每日行为活动的数据集，为了捕捉用户在同一时段的连贯事件，实验中两个时间阈值的最小值设置为 gap=7200s(2h)、width=18000s(5h)；为了分析发生在一天中不同时段（如上午、下午等）的两个事件的关联，实验中两个时间阈值的最大值设置为 gap=36000s(10h)、width=72000s(20h)。综上，在 Activity_log 数据集上，多维序列规则的挖掘和匹配分别在四组阈值（gap=7200s、width=18000s，gap=10800s、width=36000s，gap=18000s、width=36000s，gap=36000s、width=72000s）上进行，以对比时间阈值 gap 和时间窗口 width 对用户行为模式的影响。

如图 2.4(a)所示，UTDMSP 算法总是比 MSP 算法找到了更多的多维序列规则，这证明了 UTDMSP 算法能够同时发现全局频繁和局部频繁的序列模式；在准确率和 F1 值方面，UTDMSP 算法始终明显高于 MSP 算法，如图 2.4(b)、图 2.4(d)所示；在召回率方面，UTDMSP 算法和 MSP 算法基本相同，如图 2.4(c)所示。

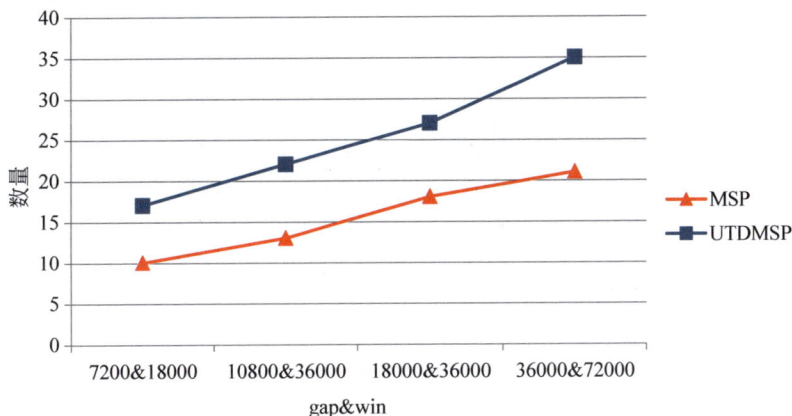

(a) 多维序列规则数量

图 2.4　活动日志数据集（Activity_log）的实验表现

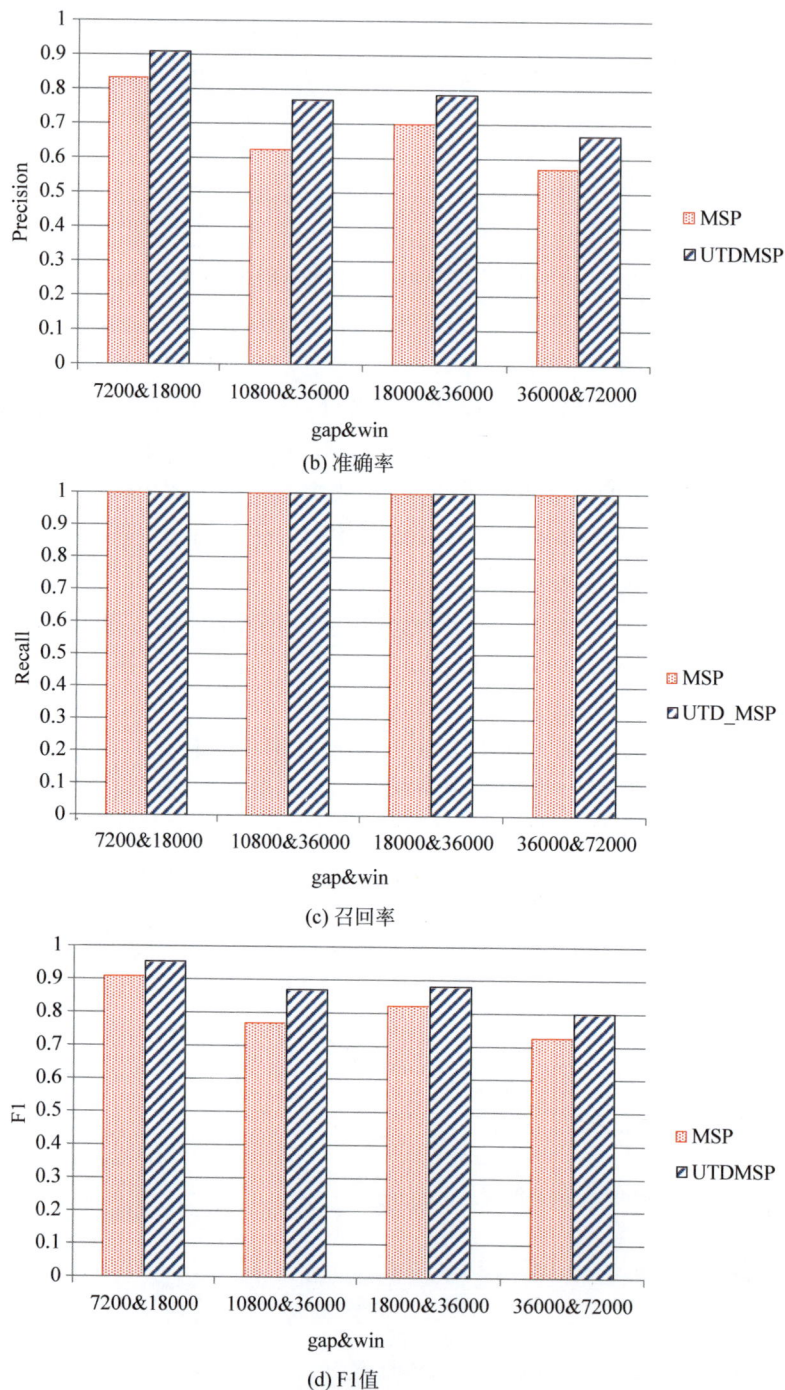

(b) 准确率

(c) 召回率

(d) F1值

图 2.4 （续）

从实验结果中还可以发现：UTDMSP 算法和 MSP 算法的准确率和 F1 值在 gap 和 width 阈值增加时均出现了下降。相较于单一时间或地点数据，多维属性能够更全面地刻画用户行为模式，从而提供更为丰富的信息基础。然而，情境感知数据的维度扩展也伴随着挑战，即高维数据在完整再现实际情境时的复杂性显著增加，进而加剧了情境匹配的难度。随着情境数据维度的提升，部分多维序列规则因缺乏直接对应的应用场景而遭遇匹配障碍，这些规则在当前数据集合下被暂时搁置，无法有效参与规则匹配过程，直接导致了算法准确率和 F1 值的下降。但是随着后续情境数据的持续收集与丰富，原先因数据不足而未能匹配的规则有望被重新激活，进而提升整体性能。

Activity_log 数据集上的实验得到的多维序列规则形式如表 2.5 所示。规则 1 精准捕捉了用户在每周二上午时段，频繁现身于教学楼内参与学术讨论活动的规律性习惯；规则 2 描绘了用户在周末，特别是星期六晚上，倾向于前往体育馆参与体育活动的场景。实验结果表明，UTDMSP 算法能够有效地识别用户的长期稳固的行为习惯以及捕捉近期行为变化趋势，为社会活动预测、个性化服务推送等应用场景提供了强有力的数据支撑与决策依据。

表 2.5　多维序列规则示例

序　　号	多维序列规则	来　　源
1	（教学楼，星期二，上午）→讨论	Activity_log 数据集
2	（体育馆，星期六，晚上）→运动	Activity_log 数据集

2.3.3　智能终端设备使用模式识别

移动情境感知的智能终端设备通过捕捉并分析用户的行为习惯和兴趣偏好，实现了个性化服务的智能推送。该技术能够重构用户所处的具体情境，并据此提供高度定制化的服务体验，显著增强了用户满意度。以音乐播放应用为例，该技术能够识别用户在运动场景下频繁使用智能手机播放音乐的偏好，针对运动中因身体大幅度动作易导致的误操作问题，提出优化方案，如扩大按键响应区域，以提升操作精准度。此外，该技术还能根据用户在不同活动状态（如跑步、睡前、阅读）下的情绪变化，智能推荐相应风格的音乐，以更好地契合用户的即时心境，从而进一步提升服务的个性化与贴心度。

实验使用诺基亚情境数据集（Nokia Context Data），该数据集由用户携带移动电话、传感器盒和笔记本电脑，记录从家到工作场所或从工作场所到家的旅程，交通方式包括步行、坐公共汽车、地铁或驾车。在这个过程中，传感器记录加速度、大气压力、温度、湿度等采集的数据，笔记本电脑的麦克风和声卡记录周围环境的声音；GSM 网络的小区识别码(Cell ID)和位置区域代码(LAC)记录用户的位置，各种数据均每秒采集一次。实验中选取星期、时间段和地点三维属性的情境感知数据，如表 2.6 所示。实验中选取最小支持度 MinSup＝0.09，最小置信度 MinConf＝0.7。

表 2.6　诺基亚情境数据集(Nokia Context Data)描述

类　　型	属　　性	值　　域
移动情境	D_1：地点	"Area Code. Cell ID"地区代码
	D_2：星期	[1-7]星期一至星期日
	D_3：时间	[1-4]晚高峰时段、上午、下午、傍晚
交互行为	D_4：移动服务	"a.[0-31]"应用程序
		"b.[0-13]"网页服务
		"c.[0-4]"通信

Nokia Context Data 数据集记录的是个体用户从家到工作场所或从工作场所到家的行程，时间间隔 gap 和时间窗口 width 两个时间阈值以 s(秒)为单位，参考用户使用智能终端设备的频率，在序列规则产生阶段设定两个时间阈值为：gap＝180s(3min)、width＝300s(5min)。在规则匹配阶段，时间间隔 gap 和时间窗口 width 设定四组阈值：gap＝180s，width＝300s，gap＝300s，width＝600s，gap＝900s，width＝1200s。如图 2.5(a)所示，在运行速度方面，MSP 算法运行时间基本保持不变，而 UTDMSP 算法的运行时间随着时间间隔 gap 和时间窗口 width 逐渐增加而减少，这是因为在多维序列产生阶段，UTDMSP 算法比 MSP 算法多一次支持度计算，产生了更多的局部频繁多维序列和多维序列规则，所以导致 UTDMSP 算法比 MSP 算法稍慢些，但是随着匹配阶段两个时间阈值逐渐放松，二者的运行时间差距快速减小。

在 Nokia Context Data 数据集上，UTDMSP 算法与 MSP 算法的准确率、召回率和 F1 值的表现非常相似。随着两个时间阈值的放松，准确率、召回率和 F1 值均稳步增长，如图 2.5(b)、图 2.5(c)和图 2.5(d)所示。

Nokia Context Data 数据集的实验结果表明 MSP 算法能够在移动情境感知环境下挖掘全局频繁的用户行为序列模式；而 UTDMSP 算法既能挖掘用户的一贯行为习惯，还能捕捉用户近期行为的新变化、新趋势，这是 MSP 算法所没有考虑到的。

Nokia Context Data 数据集上的实验得到的多维序列规则形式如表 2.7 所示。规则 1 表示用户在星期五上午前往地点"2.6"之后使用通信服务"c.1"；规则 2 表示用户在星期二上午经常前往地点"2.15"、"2.49"和"3.52"，之后使用

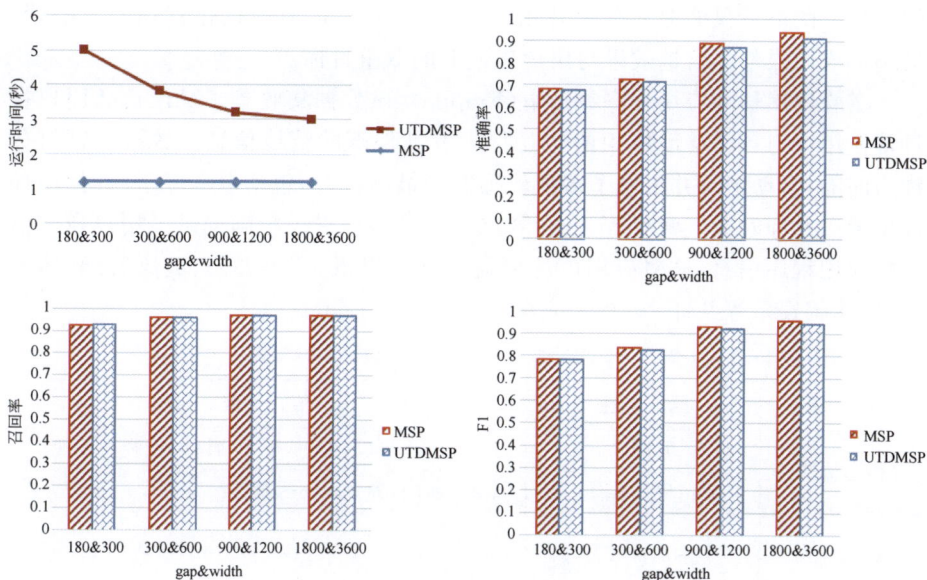

图 2.5　诺基亚情境数据集（Nokia Context Data）的实验表现

应用程序"a.12"。

表 2.7　多维序列规则示例

序号	多维序列规则	来　源
1	（地点"2.6"，星期五，上午）→通信服务"c.1"	Nokia Context Data 数据集
2	（地点"2.15"，星期二，上午），（地点"2.49"，星期二，上午），（地点"3.52"，星期二，上午）→应用程序"a.12"	Nokia Context Data 数据集

　　用户使用智能终端设备的行为模式，对于运营商来说，不仅开辟了全新的盈利增长点，通过精准营销扩大了服务范围与深度，还能显著优化用户体验。对于用户来说，无须滑动屏幕寻找移动应用程序，智能设备将依据用户的日常行为、兴趣偏好乃至即时需求，自动启动并呈现相应的应用界面，实现从"用户寻找服务"到"服务主动触达用户"的根本性转变。

2.3.4　移动应用程序使用模式识别

　　在移动应用的运营管理中，通过数据分析与行为模式识别可以及时发现可能转化为付费用户的群体。针对这部分用户，运营商可采取一系列定制化策略，包括但不限于精准推送个性化广告、发放专属优惠券以及提供定制化服务体验，以此作为强有力的激励手段，促进用户从潜在付费意向向实际付费行为的转化。此举不仅能够显著提升用户转化效率,还能有效优化营销资源配置,最终达成增强整体营销效果与用户忠诚度的双重目标。

实验使用移动应用程序数据集(Frappe),该数据集收集了 Android 用户在日常使用中与各类移动应用的交互行为及其伴随的情境信息。数据集以每分钟为间隔,自动记录并汇总了多种传感器的最新读数,包括但不限于时间戳、地理位置以及即时天气状况等关键环境参数。同时,它还精确记录了用户当前活跃的应用程序信息,这些应用广泛覆盖了新闻资讯、商务办公、健康管理、体育健身、休闲娱乐等共计 26 个不同类别,如表 2.8 所示。

表 2.8　移动应用程序数据集(Frappe)描述

类　　型	属　　性	值　　域
移动情境	D_1:时间	[1-7]日出,早晨,中午,下午,日落,傍晚和夜晚
	D_2:应用程序	[1-26]新闻,商务,……,娱乐
交互行为	D_3:是否付费	[1]免费
		[2]付费

Frappe 数据集中时间信息由日出、早晨、中午、下午、日落、傍晚和夜晚表示,时间间隔 gap 和时间窗口 width 两个时间阈值在序列规则产生阶段和规则匹配阶段均设定为:gap=2(大约 2 个时段)、width=3(大约 3 个时段);实验中选取最小支持度 MinSup=0.15,最小置信度 MinConf=0.7。UTDMSP 算法的准确率、召回率和 F1 值效果都好于 MSP 算法,如图 2.6 所示。

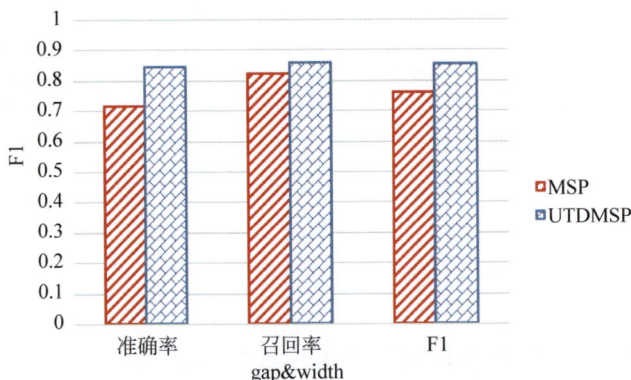

图 2.6　移动应用程序数据集(Frappe)的实验表现

接下来将分析移动应用程序付费使用行为的特征。移动应用程序的付费使用行为仅占整体应用使用的 4.11%,图 2.7 详尽展示了付费使用行为在时间与类别维度上的分布情况。从图中可以看出,付费使用行为在一天之内呈现出显著的波动性。凌晨至清晨时段,各类应用的付费活跃度普遍较低,似乎用户在这些时段更倾向于休息而非进行经济交易。相反,在下午、日落和傍晚时段的付费行为显著增多,表明用户在这些时间段内对应用内购买服务或功能的兴趣与意愿达到高峰。从移动应用程序的类别来看,智力游戏、通信工具、新闻资讯以及个性化定制类应用脱颖而出,成为用户付费意愿最为强烈的领域。这些类别的共同特点在于它们能够为用户提供高度个性化、即时性强的服务或体验,从而激发了用户的付费动力。相比之下,娱乐与体育类应用虽然拥有广泛的用户基础,但在付费使用方面却表现平平,这或许与市场上同类免费资源的丰富性、用户对于此类内容的消费习惯,以及付费内容性价比等因素有关。

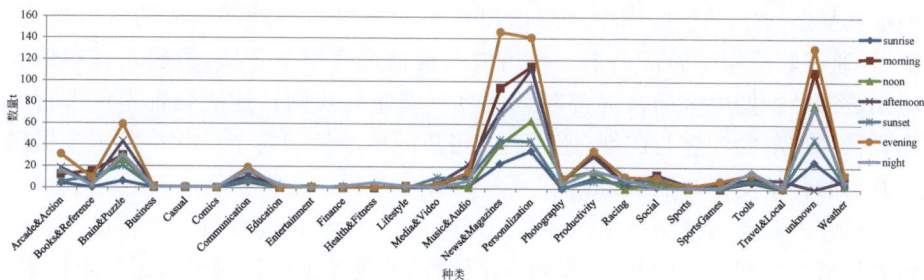

图 2.7　付费移动应用程序的类别和时间分布

　　Frappe 数据集上的实验得到的多维序列规则形式如表 2.9 所示。规则 1 表示用户中午使用了免费的图书类移动应用程序后,紧接着在下午时段免费浏览新闻类移动应用,则预测该用户晚上时段可能会选择付费使用教育类移动应用。规则 2 表示如果用户在下午时段已付费使用了商务类别的移动应用,则同一时段内,其进一步付费使用新闻类服务的可能性增加。依据用户使用移动应用程序的行为模式,可以对付费行为进行预测性分析,进而为移动应用运营商提供有力的决策依据与策略支持。

表 2.9　多维序列规则示例

序号	多维序列规则	来　源
1	("中午,图书,免费","下午,新闻,免费")→"晚上,教育,付费"	Frappe 数据集
2	("下午,商务,付费")→"下午,新闻,付费"	Frappe 数据集

　　三个真实数据集上的实验表明,序列模式挖掘算法 MSP 及其改进算法 UTDMSP 可以通过调整时间间隔 gap 和时间窗口 width 取值,实现面向不同移动情境的应用,发现时间粒度不同的个体用户行为模式。

本章小结

本章提出了一种移动情境感知环境下个体用户行为模式挖掘的算法,可以识别个体用户长期和近期的行为特征。首先,针对移动情境感知数据的多样性与异构性,构建了一种以嵌套键值为基础的数据模型,该模型有效整合了移动情境信息与用户交互行为,为情境建模和情境推理提供知识支撑;然后,构建了融合时间情境和空间情境的序列模式挖掘算法 MSP 及其改进算法 UTDMSP,能够从复杂的序列数据库中提炼出用户长期稳定的与近期形成的行为模式。最后,通过数值实验验证了本章提出的数据描述模型与算法,能够从移动情境感知数据中挖掘出全局及局部频繁的多维度序列规则。这些规则不仅丰富了用户行为理解的深度与广度,还为面向用户的精准营销与个性化推荐服务提供了有力的科学支撑与决策依据。

尽管多源移动情境数据能够精细刻画用户环境,但高度具体的情境往往伴随着较低的复现率。因此,在规则应用阶段,情境匹配的限制成为了一个挑战,部分序列规则可能因缺乏即时匹配的情境而暂时无法验证其有效性。因此,本算法在实际部署时建议采取灵活策略,适度放宽时间约束条件,以增强规则的适用性与实用性。

第3章

移动情境感知环境下的Top-N高效用个体用户行为模式挖掘方法

Top-N 高效用个体用户行为模式挖掘是指采用效用作为评估行为模式重要性的关键指标,识别并提取出对个体用户而言最具价值的 N 个行为模式。用户行为在不同情境下所展现的效用存在显著差异,移动情境感知的 Top-N 高效用个体用户行为模式挖掘应当融合情境因素,精确地评估并区分各行为模式在不同情境下的效用差异。本章以网约出租车驾驶员 Top-N 高效用运营行为模式挖掘为例,深入探讨移动环境下个体用户情境与行为模式效用之间的内在联系,基于当前情境预测并推荐最有可能带来高预期收益的下一个订单。这种情境感知的个性化服务能够显著提升驾驶员的运营效率和经济收益,有助于优化资源配置,促进服务质量的全面提升。

3.1 问题描述与研究框架

出租车作为城市交通体系中的关键组成部分,具有高度的灵活性和广泛的空间时间覆盖能力,在城市交通系统中发挥着重要作用。地理定位系统和无线移动网络的快速发展为提高出租车的运营服务提供了新的机会。这些技术革新为优化乘客等待体验、减少驾驶员空驶时间、控制运营成本及缓解交通拥堵提供了强有力的支持。此外,出租车驾驶员作为独立运营主体,其运营行为深受市场需求与个人经济利益的双重驱动。他们经常根据自身的经验和策略组织其运营行为[142],例如,在工作日的日间时段,驾驶员倾向于通过街面巡游的方式主动寻找乘客,以最大化服务覆盖面;而在非工作日的夜间,则更倾向于在交通枢纽(如火车站)及商业热点(如购物中心)周边驻守,以捕捉高密度的出行需求,从而增加收益机会。综上所述,城市居民出行模式的动态变化与出租车驾驶员基于经济理性的运营策略选择,共同构成了影响出租车驾驶员收益水平的两大核心要素。

深入理解网约出租车驾驶员的运营行为有助于公共交通管理部门支撑日益增长的交通需求、改善公共服务质量,有助于驾驶员分析自己的运营表现、提高收益。随着信息与通信技术的飞速发展,以 Uber、滴滴等代表的移动出行平台应运而生,它们通过创新性的服务模式,显著缩短了出租车的空闲巡航时间与乘客的等待时长[142-143]。这些平台利用先进的算法,寻找最近的出租车策略[144]或使用先到先得的排队策略[145],极大地优化了乘客的出行体验。然而,尽管这些策略在实施与管理上展现出高效便捷的优势,但出租车供需在时间与空间上的不匹配问题依然凸显,这种不匹配不仅降低了乘客的满意度,也直接影响了出租车驾驶员的经济收益,成为制约行业发展的瓶颈。既有研究为出租车驾驶员的运营策略和订单调度的研究提供了诸多宝贵见解。然而,这些工作与本章研究的侧重点不同。本章从新的视角出发,聚焦于更深层次的行为分析与策略优化。

虽然上述研究已关注到驾驶员的时间情境与空间情境对订单推荐的影响,却未充分考虑前后连续订单之间的内在关联性。在实际运营场景中,驾驶员在完成一单后,常以当前位置为始发地继续接收新订单,以此类推,不断地开展运营行为,这一过程中,后续订单目的地的选择不仅影响紧接着的订单分配,还长远地作用于驾驶员的整体收益结构。鉴于此,本章以网约出租车驾驶员运营行为模式识别为基础,结合下一订单目的地驶向后续订单目的地的概率及其产生的效用,从全局的角度动态地为网约出租车驾驶员推荐下一个最优订单,旨在最大化驾驶员的整体收入。图 3.1 直观展示了这一动态推荐策略的实施框架。

本章通过结合乘客的时空出行需求、网约出租车驾驶员的运营行为以及实时情境进行建模,旨在同步满足乘客即时需求并优化驾驶员的预期经济回报。为了实现这一目标,研究需要考虑几个重要因素。首先,城市居民出行行为的时空特性是驱动驾驶员运营行为的关键因素,需要对城市居民出行的时间和空间分布特征进行分析,以指导驾驶员更有效地规划服务区域与时段;其次,驾驶员运营一个订单的收益受多种因素影响,如订单的计价金额、出租车公司管理费用和燃油费等,需要合理计算出租车订单的收益;再次,即能够基于当前订单目的地,预测并量化以该地点为起点的新订单获取概率及其潜在价值,同时保持对驾驶员运营环境变化的敏感性,实现动态调整与优化;最后,面对复杂多变

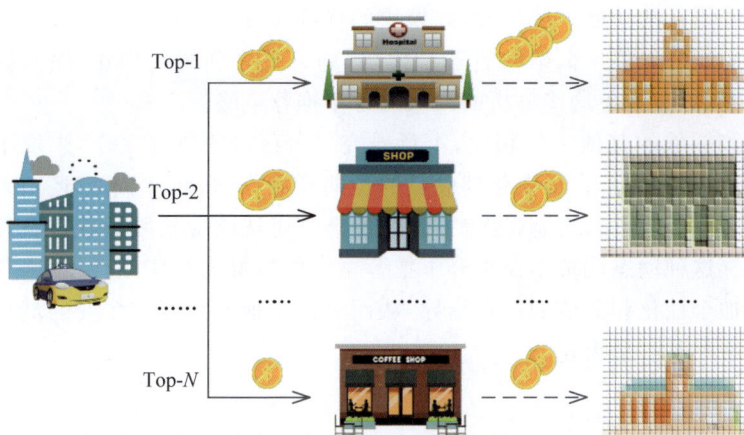

图 3.1　订单推荐问题描述

的运营环境,如何有效整合上述多维度因素,从全局视角出发,设计出一套既能即时响应乘客需求又能最大化驾驶员长期收益的策略,成为本研究的核心挑战与关键创新点。

　　本章构建了一种 Top-N 高效用模式挖掘框架,其结构如图 3.2 所示。该框架包含四大核心模块:运营数据处理,订单序列树构建,序列树动态更新以及高效用订单推荐。在该框架中,移动情境感知与交互行为分析作为贯穿始终的线索,特别是在从序列树构建至订单推荐的关键环节中发挥着重要作用。驾驶员作为运营行为的主体,通过深入理解乘客移动模式的时空演变及订单收益差异,能够灵活调整运营策略,旨在实现收益最大化目标。为实现这一目标,本章在 Top-N 高效用订单挖掘过程融入了驾驶员的活动情境和空间情境。活动情境是指与出租车运营活动相关的因素,涵盖运营成本和收益等;而空间情境是指驾驶员开展运营行为的地理空间布局。通过运营数据处理模块对出租车载客起讫点数据进行网格映射与时空聚类分析,将原始的二维经纬度坐标转换为

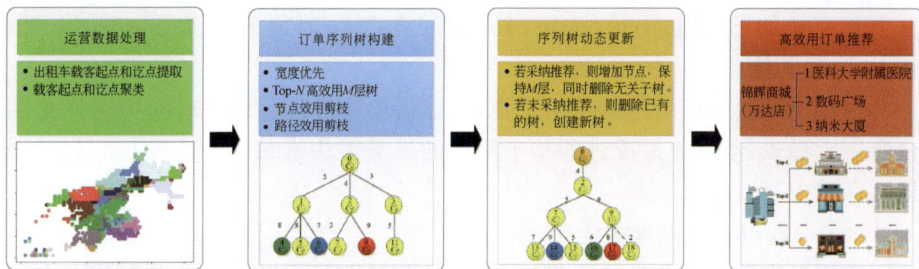

图 3.2　Top-N 高效用订单挖掘框架

具有明确语义的功能区域划分,此模块的详细实现将在第 4 章中深入探讨。本章的核心研究聚焦于框架的后三个模块,即订单序列树的构建、序列树的动态更新机制,以及基于这些分析的高效用订单推荐策略。

与该领域的其他工作相比,本章研究显著区别于既往工作,采取了一种全局和动态的角度,旨在最大化驾驶员的预期经济收益,此外,本章还引入了情境感知服务的实时更新机制,使得推荐系统能够迅速响应驾驶员状态及外部环境的变化。这种动态调整不仅提升了推荐系统的精准度与实用性,也为驾驶员提供了更加个性化和灵活的运营指导,从而有助于他们在复杂多变的城市交通网络中实现收益的最大化。

3.2　Top-N 高效用序列模式挖掘算法

3.2.1　Top-N 高效用序列的表示

在出租车运营领域,订单的起始点与终止点,即载客的起点与讫点,它们不仅标志着乘客旅程的起始与终结,也是分析出租车服务行为模式、优化运营策略时不可或缺的关键要素。为了形式化本章的研究问题,现给出以下定义。

定义:轨迹

轨迹(Trajectory)是按时间顺序组成的踪迹序列,记 $\mathrm{tr}=\langle(x_0,y_0,t_0),(x_1,y_1,t_2),\cdots,(x_n,y_n,t_n)\rangle$,$(x_i,y_i)$ 是轨迹 tr 中的二维空间坐标,t_i 是对应的时间信息,$i=0,1,2,\cdots,n$ 且 $t_0<t_1<\cdots<t_n$。

定义:起点和讫点

轨迹 tr 中,以 $o=(x_0,y_0,t_0)$ 表示轨迹的起点,$d=(x_n,y_n,t_n)$ 表示轨迹的讫点,$m=\langle(x_1,y_1,t_1),(x_2,y_2,t_2),\cdots,(x_{n-1},y_{n-1},t_{n-1})\rangle$ 表示起点和讫点之间的子轨迹,即出租车的行驶路线,因此轨迹 tr 可以表述为出发点 o、路线 m 和讫点 d 的三元组:$\mathrm{tr}=\langle o,m,d\rangle$,即乘客在 t_0 时刻于位置 (x_0,y_0) 上车,在 t_n 时刻于位置 (x_n,y_n) 下车。

由于经纬度层面的计算花销昂贵,所以需要将经纬度地址转换为更泛化的位置表示形式,本章通过改进的基于网格的聚类方法将每个经纬度划分到一个地理区域中。

定义:起点和讫点聚类

起点和讫点聚类是指将运营数据集中所有载客的起点和讫点划分在多个簇中,$C=\{c_1,c_2,\cdots,c_{N_c}\}$,$1\leqslant t\leqslant N_c$,$c_t=\{o^p,\cdots,o^q,d^p,\cdots,d^q\}$ 是包含一组

起点和(或)讫点的簇。

定义：订单事件

网约出租车的一次载客运营记录就是一个订单事件,由五元组表示,记为 $e=(o,d,f,w,g)$,事件 e 描述乘客从起点 o 前往讫点 d 的订单, f 是该订单的计价费用, w 是该订单中驾驶员等待乘客的时间, g 是该订单中驾驶员的行驶距离,包括寻找乘客的空载距离和载客的行驶距离。

如表 3.1 所示, $e_{1,2}$、$e_{2,5}$、$e_{5,3}$、$e_{3,7}$ 和 $e_{7,10}$ 是五个订单事件,其中, $e_{1,2}$ 是从 c_1 前往 c_2 的一个出租车订单,订单按每 km 计价。

表 3.1　网约出租车订单事件

事件	$o \rightarrow d$	计价费用	等待时间	空载距离	行驶距离
$e_{1,2}$	$c_1 \rightarrow c_2$	12.4	2	1	3.8
$e_{2,5}$	$c_2 \rightarrow c_5$	19.8	0	1.6	5.3
$e_{5,3}$	$c_5 \rightarrow c_3$	16.8	3	3.6	4.3
$e_{3,7}$	$c_3 \rightarrow c_7$	9.4	7	5	3.7
$e_{7,10}$	$c_7 \rightarrow c_{10}$	28.6	5	0	6.2

定义：效用

效用是利润或重要性的度量,本章中效用是指网约出租车驾驶员的收益。

运营数据集中的每个订单都有内部效用和外部效用。内部效用表示订单中的数值,如订单执行的时间和距离等;而外部效用,如利润或价格,分为正向效用和负向效用,前者对出租车驾驶员的收益产生积极作用,如订单的计价费用;后者对出租车驾驶员的收益产生消极作用,如出租车公司管理费、燃油费用等。

表 3.1 中的订单对应的正向效用和负向效用如表 3.2 所示。在不考虑政府补贴等情况下,订单的收益仅源自订单的计价费用,本章设置计价费用的外部效用 FeeCharge 为 +1.0;驾驶员每日缴纳的管理费按运营 8 小时计算,平均 0.25 元/min,因此,本章设置出租车公司管理费的外部效用 CompanyCharge 为 -0.25;燃油费用受油价影响,根据数据集采集时的油价计算 0.75 元/km,因此,本章设置燃油费用的外部效用 GasCharge 为 -0.75。

表 3.2　订单的外部效用

	FeeCharge	CompanyCharge	GasCharge
External utility	+1.0	-0.25	-0.75

定义：置信度

运营数据集中,从 c_o 区域出发,前往 c_d 区域的订单数量与从 c_o 区域出发

的订单总数的比值,即为 $c_o \rightarrow c_d$ 在该数据库中的置信度,

$$\text{conf}(c_o \rightarrow c_d) = \frac{N_{c_o \rightarrow c_d}}{\sum_{t \leqslant N_c} N_{c_o \rightarrow c_t}} \tag{3.1}$$

在运营数据集中,$c_o \rightarrow c_d$ 的置信度描述了订单事件从 c_o 区域出发,前往 c_d 区域的可能性。

在高效用模式的发现过程中,需区分两种关键效用度量:内部效用与外部效用。内部效用特指与交易内各项直接相关的数量指标,如顾客单次交易中购买的商品数量。而外部效用则用于衡量各项的相对价值或重要性,如商品的单位利润。订单效用是通过将效用函数应用于订单的内部和外部效用来度量的,其中效用函数的设计灵活多样,以适应不同的评估需求与业务场景。以出租车行业为例,驾驶员的最终收益是订单计价费用扣除出租车管理费和汽油费用等的剩余部分。其中,计价费用作为直接收入来源,被视为正效用;而出租车公司的管理费用、车辆空车行驶和载客行驶产生的燃油费则作为运营成本,是负效用[81]。

对于每一个订单 e,效用 $u(e)$ 由两部分组成,分别是正向效用和负向效用。具体地讲,订单 e 的正向效用,也就是潜在收益,定义为

$$u^+(e) = f(e) \cdot \text{FeeCharge} \tag{3.2}$$

其中 $f(e)$ 是内部效用,表示本次订单 e 的计价费用,FeeCharge 是外部正向效用,表示对驾驶员收益产生积极作用的程度。

订单 e 的负向效用,记为 $u^-(e)$,由驾驶员找到乘客之前的等待时间、空车行驶距离、载客行驶距离和出租车管理费用等因素构成,即

$$u^-(e) = g(e) \cdot \text{GasCharge} + w(e) \cdot \text{CompanyCharge} \tag{3.3}$$

其中 $g(e)$ 和 $w(e)$ 是内部效用,前者表示载客行驶距离和空车行驶距离之和,后者表示等待时间;GasCharge 和 CompanyCharge 是外部负向效用,前者表示出租车行驶的燃油费用,按千米计算,后者表示出租车公司收取的服务费,按分钟计算。

一个订单的效用为

$$u(e) = u^+(e) + u^-(e) \tag{3.4}$$

定义:订单序列

订单序列是一组订单事件的有序列表,前一个订单的讫点是下一个订单的起点,$e_s.d = e_{s+1}.o (1 \leqslant s < M)$,订单序列 E 表示为 $E = c_1 \xrightarrow{e_{1,2}} c_2 \cdots c_{M-1} \xrightarrow{e_{M-1,M}} c_M$,简记为 $E = c_1 \rightarrow c_2 \cdots c_{M-1} \rightarrow c_M$。

基于以上内容，给定一个以起点 c_o 开始长度为 M 的订单序列 E，E 的效用即是序列中每一个订单事件的效用之和，

$$U(E,c_o,M) = \sum_{p=1}^{M} u(e_{c_o,c_p}) \tag{3.5}$$

E_1、E_2、E_3 和 E_4 是四个订单序列，如表 3.3 所示，序列 E_1 由订单 $e_{1,2}$、$e_{2,5}$ 和 $e_{5,3}$ 有序构成。订单 $e_{1,2}$、$e_{2,5}$ 和 $e_{5,3}$ 的效用如表 3.4 所示，其中 $u(e_{1,2})=12.4\times1.0+2\times(-0.25)+4.8\times(-0.75)=8.3$，$u(e_{2,5})=19.8\times1.0+0\times(-0.25)+6.9\times(-0.75)=14.625$，$u(e_{5,3})=16.8\times1.0+3\times(-0.25)+7.9\times(-0.75)=10.125$。订单序列 E_1 效用 $U(E_1,e_{1,2},5)=u(e_{1,2})+u(e_{2,5})+u(e_{5,3})=8.3+14.625+10.125=33.050$。

表 3.3　订单序列数据库

ID	事件	序　　列	效　　用
E_1	$e_{1,2},e_{2,5},e_{5,3}$	$c_1 \rightarrow c_2 \rightarrow c_5 \rightarrow c_3$	33.050
E_2	$e_{1,7},e_{7,10},e_{10,4}$	$c_1 \rightarrow c_7 \rightarrow c_{10} \rightarrow c_4$	34.975
E_3	$e_{1,4},e_{4,3},e_{3,7}$	$c_1 \rightarrow c_4 \rightarrow c_3 \rightarrow c_7$	30.725
E_4	$e_{2,6},e_{6,8},e_{8,9}$	$c_2 \rightarrow c_6 \rightarrow c_8 \rightarrow c_9$	54.275

表 3.4　订单及订单效用

事　　件	$o \rightarrow d$	计价费用	等待时间	距离	效　　用
$e_{1,2}$	$c_1 \rightarrow c_2$	12.4	2	4.8	8.3
$e_{2,5}$	$c_2 \rightarrow c_5$	19.8	0	6.9	14.625
$e_{5,3}$	$c_5 \rightarrow c_3$	16.8	3	7.9	10.125

给定一个起点 c_o，以 c_o 为起点、长度为 M 的高效用 Top-N 订单序列记为 E^*，即

$$E^* = \underset{N}{\mathrm{argsort}}\{U(E,c_o,M)\} \tag{3.6}$$

与现有的订单推荐方法不同的是，本章要实现的是移动情境感知环境下全局的、动态的订单调度。给定一个订单的起点区域，首先，计算运营数据集中从该区域出发的所有历史订单的置信度；然后，计算满足置信度阈值的订单的效用，并依据平均效用降序排列订单讫点，将订单效用最高的 N 个讫点加入候选集；接下来，在讫点候选集中重复 $M-1$ 次上述步骤，直到找到最高收益的 N 个订单序列，每个序列长度不超过 M；最后，Top-N 高效用序列的第一个讫点即作为出租车驾驶员下一个订单前往区域的推荐。这一推荐不仅基于对当前情境的全面感知，还充分考虑了历史数据中的模式与趋势，从而实现了在复杂多变的移动环境中，对订单调度的智能化、高效化引导。

3.2.2　构建序列树

驾驶员在运营出租车时可以反复在同一区域内部或不同区域之间穿梭,算法中直接使用位置区域作为树的节点可能导致环形结构,因此高效用序列树(High Utility Sequence Tree,HUST)采用不重复的整数作为节点,同时将起点区域或讫点区域作为标签添加给节点。边有权重,权重为对应起点区域和讫点区域的订单的效用。

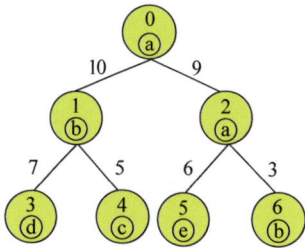

图 3.3　使用带标签的节点
构建树形结构

如图 3.3 所示,节点 0 和节点 2 标签均为"a",节点 0 和节点 2 之间边的权重"9"表示一个订单起点和讫点均为"a"区域,产生效用为 9。节点 1 标签为"b",节点 0 和节点 1 之间边的权重"10"表示一个订单以"a"区域为起点、以"b"区域为讫点,该订单效用为 10。

高效用序列树的构建分为两个过程:一是从上至下的生成过程,采用宽度优先策略;二是从下至上的回溯过程,计算排序树中所有路径的效用。为了减少计算花销,上述过程中采用了节点效用和路径效用两个剪枝策略,具体的构建过程如算法 3.1 所示。

算法 3.1：Build HUST(c, M, β)

输入：root node c, the depth of tree M, path utility threshold β;

输出：A high utility Tree ψ, Top-N high utility order list N_lst;

初始化：$i=0$, ψ. level$[i]=c$;

1：while $(i < M)$ do
2：　　for each (node$\in \psi$. level$[i]$) do
3：　　　　ψ. level$[i+1]$=Read_children(node);
4：　　　　$i+=1$;
5：path_N$=\varnothing$;
6：　　for each (path$\in \psi$. paths) do
7：　　　　path_utility=sum(node. utility);
8：　　　　if path_utility$>=\beta$:
9：　　　　　　path_N$\cup$=path;
10：N_lst=[path[1] for path in path_N];
11：return N_lst;

下面对算法 3.1 的步骤进行详细阐述。

（1）首先，初始化根节点，创建只有根节点的树，根据效用计算式（3.2）至式（3.4），为根节点添加子节点，子节点的寻找过程如算法 3.2 所示，采用节点效用剪枝策略，不满足节点效用阈值 α 的节点不再参与后续计算，重复此步骤，宽度优先地逐层增加节点，创建深度为 M 的序列树。

（2）从叶子节点向上回溯，计算每一条路径的总效用，若小于路径效用阈值 β，则将路径的叶子节点剪枝。对路径效用进行排序，获取 Top-N 高效用序列。订单序列的第一个讫点作为下一个订单的推荐结果，而订单的起点即为树的根节点的标签。

寻找子节点的算法 3.2 过程如下。

（1）给定一个节点，在运营数据集中找到以该节点的标签为起点的所有订单事件，订单事件具有属性 f、w 和 g，用 node. w、node. d 和 node. g 表示，根据式（3.1）逐一计算每一个订单事件的置信度。

（2）存储满足设定的置信度阈值 conf 的订单事件，根据式（3.2）至式（3.4）计算订单事件的效用。

（3）对满足节点效用阈值的订单以效用为排序条件降序排列，选择产生 Top-N 高效用的节点作为该节点的子节点。

算法 3.2：Read_children(node)

输入：node, confidence threshold conf, number of recommending orders N, node utility threshold α；

输出：children_nodes

1：nodes_lst＝[ ]；
2：nodes_candidates＝get_candidates(node)；
3：for each(node∈nodes_candidates) do
4：　if (node. confidence ＞＝conf) do
5：　　　node. utility＝(node. f * FeeCharge-node. w * CompanyCharge-node. g * GasCharge)；
6：　　　if (node. utility＞＝α) do
7：　　　　　nodes_ lst∪＝node；
8：nodes _sort＝sorted(nodes_ lst, key＝node. utility, reverse＝True)；
9：children_nodes＝nodes_sort[0, N]；
10：return children_nodes；

3.2.3　动态更新高效用树

高效用树更新的算法 3.3 过程如下。

算法 3.3：Update HUST(c',ψ)

输入：new node c', the depth M of recursion tree, high utility tree ψ;

输出：update high utility tree ψ'

/ * Get the subtree of the specified node * /

1：sub_tree = ψ. subtree(c');

2：leaves_list = sub_tree. leaves;

3：if (sub_tree. depth < tree. level) do

4：   candidates = $\varnothing$;

5：   for each (leave_node ∈ sub_tree. leaves) do

6：   leaves_children_nodes = Read_childrens(leave_node);

7：   for each(leaf ∈ leaves_children_nodes) do

8：   sub_tree. add_node(leaf, leave_node);

9：   candidates ∪ = leaf;

10：   leaves_list = candidates;

11：else

12：   return ψ'

高效用序列树 HUST 构建好之后，还面临着如何实时更新的问题，驾驶员在运营过程中可能面临两种情况。

(1) 若网约出租车驾驶员根据推荐选择一个节点执行下一个订单，则以该节点作为子树根节点，继续挑选新的子节点、增加子树的层数，使其达到 M 层，同时删除无关的子树，如算法 3.3 所示。

(2) 若网约出租车驾驶员未采纳任何推荐节点，而是选择了一个新起点，则删除已有的树，创建一个新的高效用序列树，根节点以新区域为标签，如算法 3.1 和算法 3.2 所示。

接下来，以图 3.4 为例解释算法的执行过程，设定节点效用阈值 $\alpha = 3$，路径效用阈值 $\beta = 7$，给定根节点 0，标签为 C_0，寻找下一订单 Top-3 高效用的讫点。

根据效用计算公式，以标签为 C_0 的节点 0 作为订单起点，挑选产生高效用的 Top-3 节点 1、2 和 3 作为节点 0 的子节点，重复此步骤，宽度优先创建一个 3 层 3 叉树，如图 3.4(a) 所示。因为订单 2→8、3→10 和 3→12 效用均小于或等于阈值 α，根据节点剪枝策略，将节点 8、10 和 12 剪枝。接下来，从每个叶子节点向上回溯，计算所有路径的效用之和并排序，将序列效用 Top-3 的第一个讫点作为推荐结果返回，如图 3.4(b) 所示，0→1→4、0→1→6、0→2→9 为 Top-3 高效用路径，即高效用序列，因此向驾驶员推荐下一个订单的 Top-3 高效用讫点，C_1、C_1 和 C_2。

若出租车驾驶员根据推荐选择节点 2 执行订单，如图 3.4(c) 所示，则以节

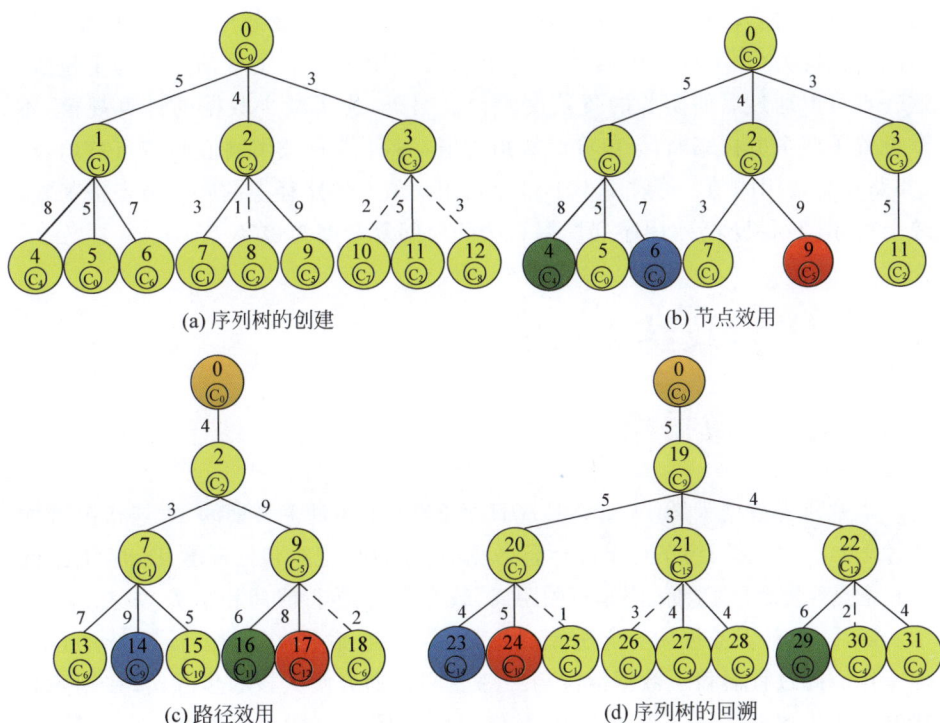

图 3.4 高效用树

点 2 为根节点更新树,拓展树的深度,使得树的深度保持为 M,同时删除以节点 1 和节点 3 为根节点的子树,此处节点 18 根据路径效用剪枝策略被剪枝;若出租车驾驶员未采纳节点 1、2 或 3,而是自由选择了一个从节点 0 前往节点 19 的订单,则删除以节点 0 为根节点的树,创建以节点 19 为根节点的 3 层 3 叉树,如图 3.4(d) 所示,节点 25 和节点 30 根据节点效用剪枝策略被删除;路径 19→21→26 的总效用为:$3+3=6<\beta$,根据路径效用剪枝策略,删除节点 26。

接下来,讨论 Top-N 高效用序列挖掘算法的时间复杂度。时间复杂度可以视为各步骤的时间复杂度的汇总。算法 3.1 构建深度为 M 的 Top-N 高效用序列树的时间复杂度由生成节点候选集和计算路径效用两部分组成,计算路径效用的时间复杂度为 $O(N^{M-1})$;而节点候选集由算法 3.2 产生,分为置信度计算和效用排序两个步骤,假设存在 N_C 个从候选节点开始的订单事件,置信度计算和效用排序的时间复杂度分别为 $O(N_C$ 和 $N_C \log N_C)$,每个候选节点都需要计算置信度和效用排序,因此算法 3.1 的时间复杂度为 $O(N_C \log N_C N^{M-1})$。算法 3.3 中动态更新高效用序列树分为局部更新和全局更新,最大时间复杂度

为全局更新时 $O(N^{M-1})$。综上,长度为 M 的 Top-N 高效用序列挖掘算法的时间复杂度为 $O(N_C \log N_C N^{M-1})$。在实际应用中,N_C 的取值一般为个位数,这一点可以通过后面实验的置信度验证。另外,为了减少数据的计算规模,本章设置了两个剪枝策略:(1)节点效用阈值:小于节点效用阈值的节点被剪枝;(2)路径总效用阈值:总效用小于路径效用阈值 β 的路径上的叶子节点被剪枝。综上所述,Top-N 高效用序列挖掘算法的时间复杂度为 $O(N^{M-1})$。

3.3　实验及结果分析

3.3.1　数据集

本章研究数据为 2014 年 3 月 3 日至 2014 年 3 月 7 日期间,大连市范围内共计 1 048 001 条网约车订单的运营数据,每个订单记录包括订单 ID、时间戳、起点和讫点经度、纬度坐标、空车行驶距离、载客距离、等待时间和车费,如表 3.5 所示。随后,为确保数据质量与分析的有效性,对原始数据集进行了系统的预处理工作。此过程涵盖了数据清洗与经纬度网格划分两大核心步骤,旨在剔除异常值并优化数据空间分布的表达,具体过程如图 3.2 所示。通过这一流程,为后续的数据分析与模型构建奠定了坚实的基础。

表 3.5　数据示例及出租车收费标准

ID	DAY	HOUR	RUN	EMPTY	WAIT	X1	Y1	X2	Y2	FEE
7294	03	10	11.2	1.3	10	121.63	38.886	121.536	38.886	26.3
7501	03	15	3.3	0.4	4	121.640	38.922	121.640	38.901	11.4
2421	01	16	5.7	0	4	121.580	38.932	121.631	38.917	17.7
2157	01	20	2.7	4.4	1	121.582	38.911	0	0	10.4
4863	01	23	13.2	0	2	121.588	38.901	121.611	38.998	37.4

收费标准	日间(6:00—22:00)	夜间(22:00—6:00)
计价标准	3.00km 内收费 8.00 元, 超过 3km 后收费 2 元/km	3.00km 内收费 10.40 元, 超过 3km 后收费 2.34 元/km
油价	7.17 元/L 93♯汽油 2012 年 1 月价格	7.17 元/L 93♯汽油 2012 年 1 月价格
公司收费	110～120 元	100～110 元

图 3.5 展示了数据集中所有轨迹起点和讫点经纬度的空间分布概况,可以

显著观察到大部分数据点集中于特定区域。鉴于此空间集中性特征,本章在探讨居民出行起点和讫点聚类及出租车司机运营行为模式时,仅聚焦于占总数据量 90% 以上的核心区域,具体区域界定为:经度[121.20°E,121.90°E]和纬度[38.80°N,39.15°N],同时剔除了无效记录及超出此界定区域的数据点。

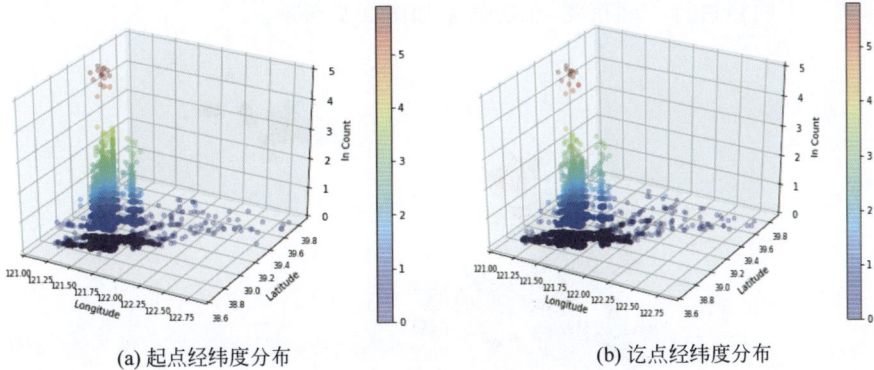

(a) 起点经纬度分布　　　　　　　　　　(b) 讫点经纬度分布

图 3.5　起点和讫点经纬度分布

　　出租车运营数据集中订单量随时间变化的分布情况如图 3.6(a)所示,揭示了城市居民出行需求的日动态特性。这一特性直接导致了出租车订单数量的波动性,强调了在进行订单推荐系统设计时,必须同时考虑空间与时间维度。具体而言,凌晨 0 时至 6 时,订单数量维持低位,反映了该时段乘客出行需求的相对匮乏。随后,自 6 时起,订单量显著攀升,这恰好与城市居民因工作、学习等日常活动而增加的出行需求相吻合。上午 9 时至中午 13 时成为订单量的高峰期,随后在午后略有回落。16 时订单量形成小高峰,随着傍晚出行晚高峰的到来,特别是 19 时至 21 时,订单量再次攀升,更体现了居民晚间活动的活跃性。21 时之后,订单量则明显减少,反映了夜间出行需求的降低。图 3.6(b)显示出租车驾驶员的订单计价总额存在显著差异,尽管出租车驾驶员的实际收益

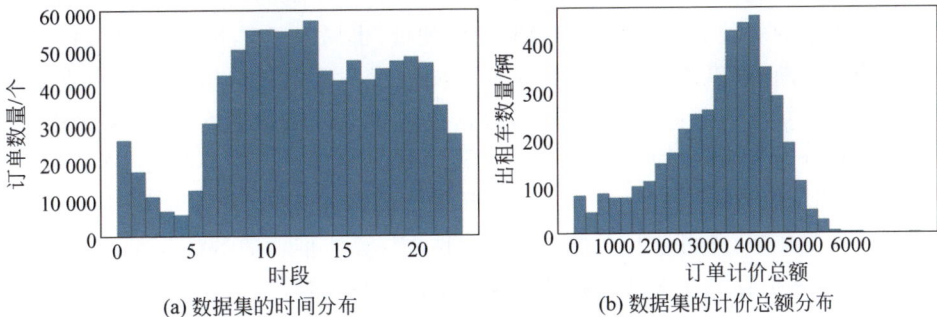

(a) 数据集的时间分布　　　　　　　　　(b) 数据集的计价总额分布

图 3.6　数据集的统计特征

受税费、路况、车辆养护和保险费用等多重因素的影响,但本章的研究聚焦于驾驶员运营行为对其收益的直接作用,因此,上述提及的因素虽重要,却不在本研究的讨论范畴之内。

为优化计算与存储资源利用效率,本章将出租车载客起点和讫点映射至网格,再基于网格进行空间聚类,聚类效果如图 3.7 所示。

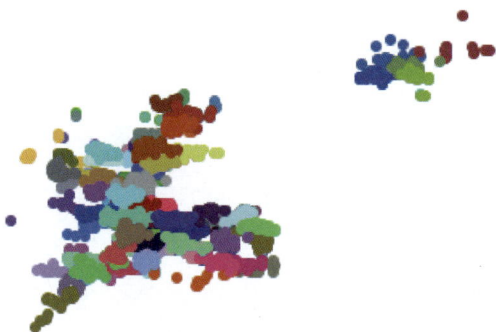

图 3.7　空间聚类算法结果

城市中出租车载客起点和讫点的热门区域随着时间虽有所波动,但总体变化幅度有限。这一现象可归因于城市居民出行模式的稳定性,居民的出行既包括居住区和工作区之间的固定通勤需求,也包括购物、旅游、就医等交通出行目的。鉴于大连市的出租车载客起点和讫点的热点区域随时间变化的幅度较小,在后续的订单推荐中不再区分时间因素。

结合聚类后的起讫点簇标识信息,基于等待时间、空驶距离、行驶距离、订单计价计算每个订单效用,以及起讫点所标识的订单发生概率,可以得到每个订单的起讫点所属簇的标识、效用和置信度。

本章构建的算法旨在从给定起点位置,为出租车驾驶员推荐 Top-N 潜在高收益订单。此算法不仅适用于对路况生疏,缺少经验的新手驾驶员,还适用于经验丰富的驾驶员。即便是有经验的驾驶员,也局限于对下一个订单的收益情况作出判断,难以仅凭个人经验全面预测后续一系列订单累积的潜在收益。为了验证本章所构建算法的有效性,根据数据库中订单的平均收益,将出租车驾驶员划分为三个收益水平组:低等收益组(0%～25%)、中等收益组(25%～50%)和高等收益组(50%～75%)。在每个收益水平组内,随机抽取了 200 名驾驶员作为样本,并将这些驾驶员的实际收益与算法推荐的潜在收益进行对比分析,以此评估算法在提高驾驶员整体收益方面的效能。

3.3.2 Top-*N* 高效用序列模式挖掘

（1）HUST 有效性。

将本章提出的高效用序列树 HUST 与其他两种方法进行比较。第一种方法是 Ran-Tree(Random Tree)，该方法随机选择节点生成序列树；第二种方法是 Sorted-Conf(Sorted Confidence)，该方法选择置信度高的节点生成序列树。在实验设置中，为确保比较的公平性，保持置信阈值 conf 为 0.01 不变，并逐步增加树的深度，从 1 层至 5 层，以全面评估不同深度下各算法的性能。实验聚焦于三个关键指标：效用、等待时间以及空驶距离。通过这一系列的对比实验，旨在揭示 HUST 算法在提升任务处理效率、减少等待时间及缩短空驶距离方面的优势。

从实验结果可以观察到一系列显著的趋势。首先，就效用而言，所有方法均展现出随树深度（即序列长度的递增）而增强的趋势，尤为突出的是，HUST 方法在各个深度上的效用均显著优于 Ran-Tree 与 Sorted-Conf 方法，如图 3.8 所示。

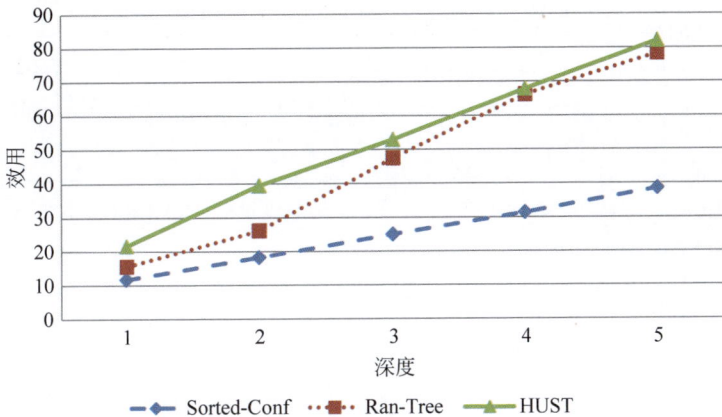

图 3.8　效用与树深度的关系

其次，在等待时间方面，图 3.9 清晰地揭示了 HUST 在不同树深度下的优势。具体而言，无论树的深度如何变化，HUST 的等待时间均低于 Ran-Tree。值得注意的是，在树的深度为最浅的层级（即深度为 1，对应序列长度为 2）时，HUST 的等待时间略高于 Sorted-Conf，然而，随着树深度的增加（超过 2），HUST 的等待时间与 Sorted-Conf 趋于一致，显示出其在处理较长序列时的稳定性与高效性。

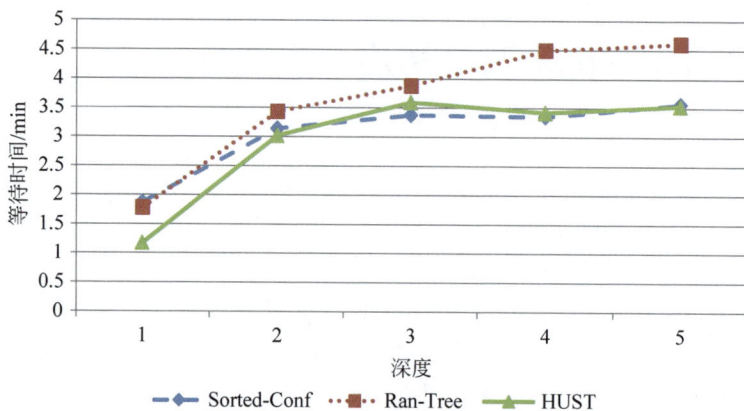

图 3.9　等待时间与树深度的关系

最后,空驶距离如图 3.10 所示,随着树深度的递增,三种方法的平均空驶距离均呈现上升趋势。在对比中,HUST 的空驶距离与 Ran-Tree 较为接近,且两者在多数情境下均能有效减少空驶距离,相较于 Sorted-Conf 方法展现出更优的性能。这一发现进一步强调了 HUST 方法在提高运输效率、减少资源浪费方面的潜力与优势。

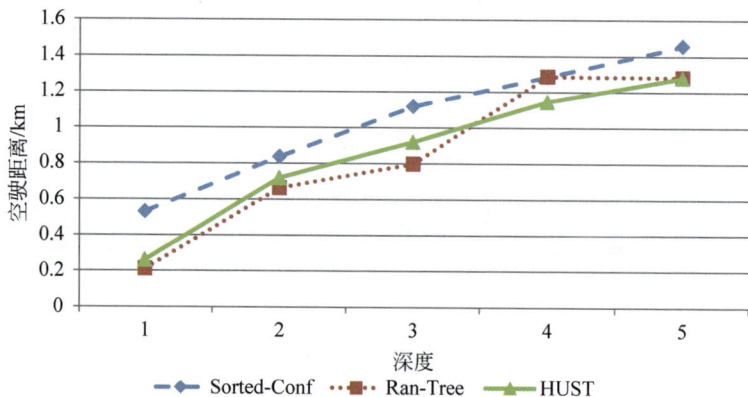

图 3.10　空驶距离与树深度的关系

通过实验对比,HUST 在效用、等待时间和空驶距离方面的整体表现都优于 Ran-Tree 和 Sorted-Conf。

(2) 节点效用和路径效用阈值设置。

在高效用序列树的构造和更新过程中设计节点效用和路径效用剪枝策略,旨在显著缩减候选集规模,从而优化序列树构建与更新的效率。图 3.11 反映了节点效用阈值 α 对挖掘 Top-N 高效用序列模式结果的具体影响。

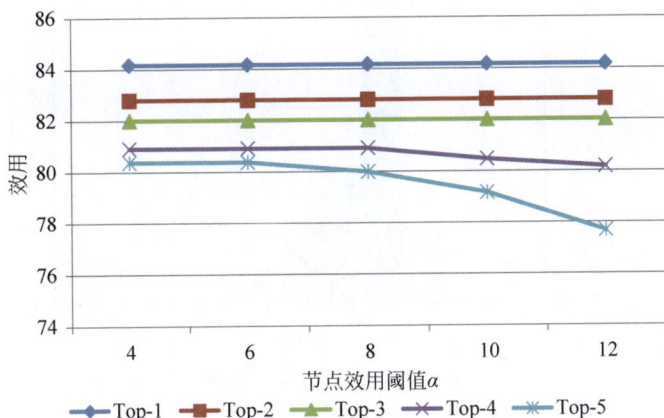

图 3.11　节点效用阈值 α 对效用的影响

首先,对于 Top-1、Top-2 及 Top-3 级别的高效用序列模式,随着 α 值的递增,其挖掘结果展现出高度的稳定性,表明这些模式在较宽的效用阈值范围内均能保持其显著性和重要性;其次,对于 Top-4 和 Top-5 序列模式,其效用表现则呈现出更为复杂的趋势。具体而言,在 α 值低于 8 的区间内,这些模式的效用保持相对稳定;然而,一旦 α 值超过此阈值,尤其是当 α 显著增大至 10 以上时,它们的效用开始显著下降,暗示了过度聚焦于当前订单的高局部效用可能限制了算法在全局范围内探索更优解的能力。图 3.11 表明,节点效用阈值 α 具有调整挖掘结果规模与精度之间的权衡作用,在实际应用中需谨慎选择 α 值,以避免因过强调局部效用而错失全局视角下的更优高效用序列模式。

在面对如何优化订单推荐系统以有效提升驾驶员收益这一问题时,本章提出一个核心原则:推荐的订单序列需满足单一订单收益不低于常规水平,且整体序列的全局收益需显著超越平均水平。基于这一原则,本章构建了高效用序列树 HUST 模型,仅当订单序列的节点效用超越数据集中的众数值,且其路径效用超过基于平均效用与序列树深度调整后的阈值时,该序列方被视为高效用候选模式。数据集中订单的平均效用分布如图 3.12 所示,订单效用的众数为 6.7,平均效用则为 14.7。因此,设定了节点效用阈值 α 为 6.7,这一值代表了数据集中最为普遍的效用水平,确保了节点选择的基础标准。路径效用阈值 β 的设置采用了平均效用值与序列树深度的乘积作为基准,以动态适应不同深度的路径评估需求。例如,在序列树深度为 2 的情况下,β 被设定为 14.7 乘以 2,从而确保了路径效用评估的灵活性和准确性。通过上述策略,HUST 模型能够精准识别并推荐那些既能保证单次订单收益稳健,又能通过序列组合实现全局收益显著提升的订单序列,为驾驶员收益的增长提供有力支持。

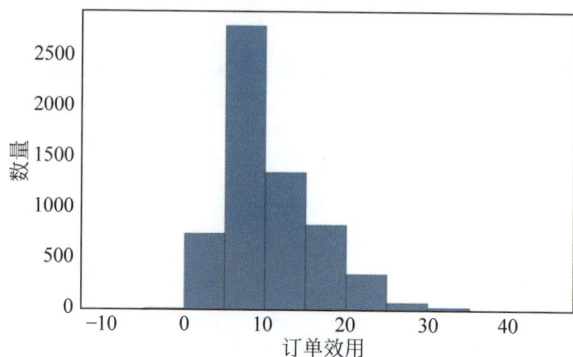

图 3.12   订单的平均效用

(3) 树深度对 Top-N 高效用序列模式挖掘的影响。

为了分析树的深度对 Top-N 高效用序列模式挖掘结果的影响,此处将置信度阈值 conf 设定为 0.01,以此作为分析的基础条件。随后,通过调整序列树的深度(该深度等同于序列长度减一),观察了由此产生的序列效用变化,相关结果如图 3.13 所示。

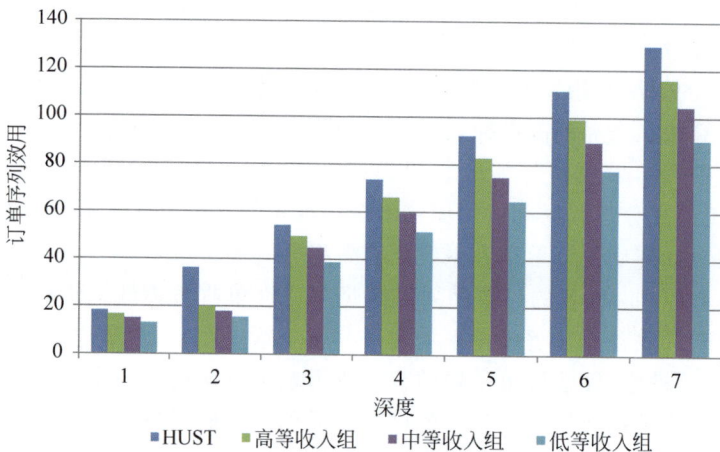

图 3.13   树的深度对效用的影响

当高效用序列树的深度设定为 1 时,其生成的 Top-N 高效用订单所展现的预期收益已显著超越高等收益组、中等收益组和低等收益组,并且随着树的深度增加,预期收益呈现出更为显著的增强趋势。这明确指示了树深度的增加与预期序列效用提升之间的正相关关系。然而,在实际应用场景中,驾驶员所面临的是高度动态变化的移动情境,这可能导致高效用序列树 HUST 频繁地动态调整,因此,驾驶员采纳一系列订单的成功概率会随着树深度的增加而降低。鉴于本章的焦点在于结合序列模式分析和潜在后续订单的概率和效用为驾驶员推荐下一个订单,因此,在后续的实验设计中,树的深度都设置为2。

3.3.3　基于 Top-N 高效用序列模式的订单推荐

(1) 置信度阈值 conf 对下一个订单推荐的影响。

接下来,结合高效用序列树 HUST 所挖掘序列模式的预期收益为驾驶员推荐下一个订单,本节设置高效用序列树的深度为 2。

图 3.14(a)、图 3.14(b)和图 3.14(c)分别展示了在不同订单数量 N($N=3$、$N=4$ 和 $N=5$)情境下,随着置信度阈值 conf 的变化,待推荐订单的平均预期收益变化情况。从图中可以看出,当置信度阈值 conf 超过 0.014 时,尽管 HUST 推荐的序列效用没有超过经验丰富的高等收益组的平均收益,但其表现仍显著优于中等收益组和低等收益组。这证明了 HUST 推荐结果优于无经验和一般经验的驾驶员的个人判断,具有更优的决策能力。进一步地,在较为宽松的置信度阈值设定下,HUST 推荐结果可以超越经验丰富的驾驶员。尤为值得注意的是,当置信度阈值 conf 降低至 0.014 或更低时,HUST 推荐的序列效用不仅超越了高等收益组的平均收益,还大幅度领先于中等及低等收益组,这表明在较为宽松的置信度条件下,HUST 的推荐结果全面优于所有三个收益分组内驾驶员的个人判断。此外,图中的数据还揭示了一个重要规律:置信度阈值 conf 的降低与 HUST 推荐订单所产生的预期收益的增高呈正相关关系,即置信度阈值 conf 越小,HUST 推荐的订单产生的预期收益越高。

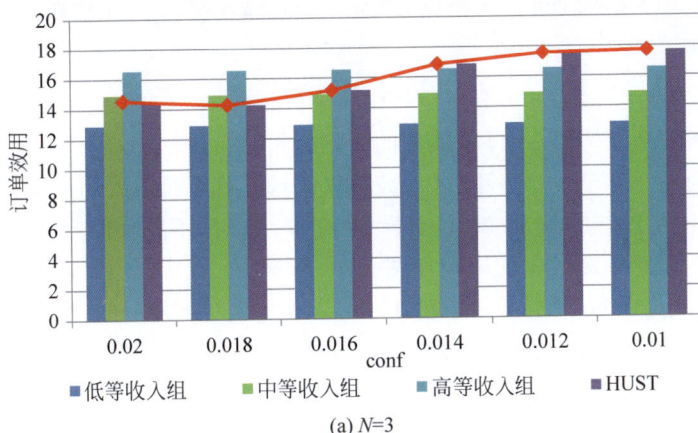

(a) $N=3$

图 3.14　置信度阈值 conf 对订单效用的影响

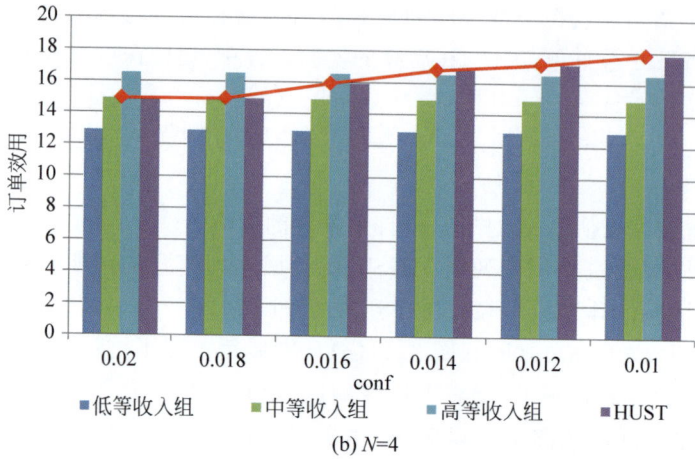

(b) $N=4$

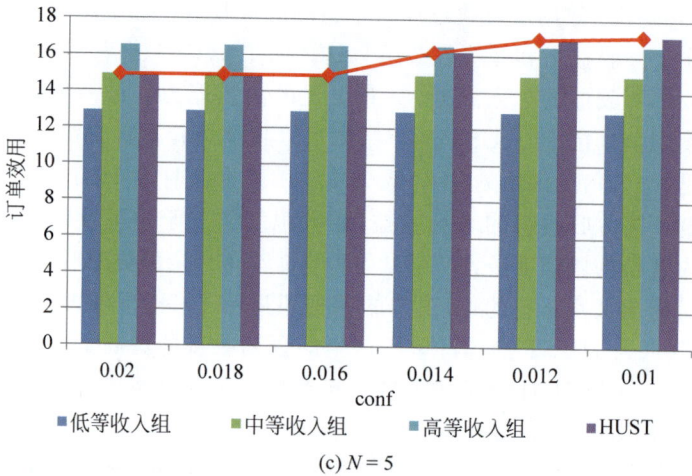

(c) $N=5$

图 3.14 （续）

（2）参数 N 对下一个订单推荐的影响。

为了分析参数 N（推荐订单数量）的取值对订单推荐结果的影响，在树的深度固定为 2 的条件下，对比 $N=3$、$N=4$ 和 $N=5$ 时，不同置信度阈值情况下的订单效用，参数 N 对效用的影响如图 3.15 所示。

其中 Top-3-avg、Top-4-avg 和 Top-5-avg 分别代表 $N=3$、$N=4$ 和 $N=5$ 时，待推荐订单的平均效用，Top-3-max、Top-4-max 和 Top-5-max 则相应表示 $N=3$、$N=4$ 和 $N=5$ 时，这些集合中的最高效用值。从图 3.15 可以发现，尽管随着 N 值的变化，推荐的下一个订单的效用存在细微波动，但这种波动并未显著改变整体效用趋势的走向。此外，值得注意的是，订单效用随置信度阈值变化的模式与先前在图 3.14 中观察到的保持一致,这进一步证实了驾驶员对推荐订单数量偏好的调整不会影响 HUST 算法的整体表现。

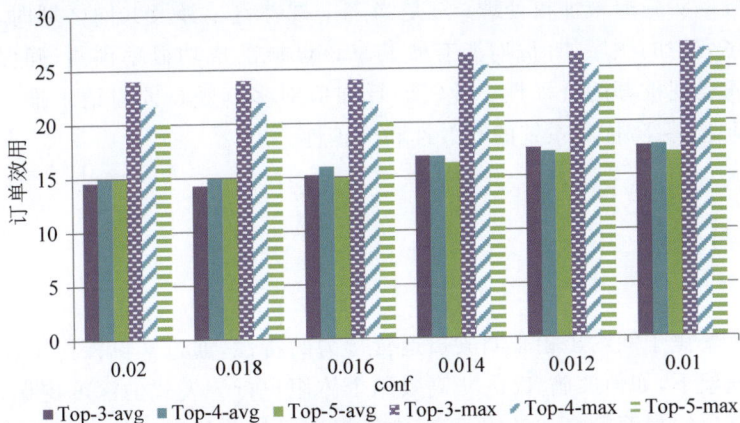

图 3.15 参数 *N* 对效用的影响

综合以上两组实验结果,可以得出以下结论:置信度阈值 conf 是直接影响下一个订单推荐质量的关键因素,而推荐订单数量 *N* 虽然对单个订单的效用有轻微影响,但并未改变推荐系统的总体效能趋势。因此,在实际运营中,驾驶员只需确定置信度阈值 conf 和 *N* 两个参数,另外,高效用序列树 HUST 可以根据驾驶员做出的交互行为,动态调整并优化推荐结果,确保推荐服务的持续高效与个性化。

(3)冲突解决方案。

本章旨在通过分析网约车驾驶员的运营行为模式,为其推荐 Top-*N* 高效用的下一个订单,以优化驾驶员的整体收益。然而,实际情况可能是,同一地区同时有多名驾驶员要求推荐订单。直观地说,一个简单的推荐策略是向所有驾驶员推荐相同的 Top-*N* 订单。然而,如果同时向太多的驾驶员推荐相同的 Top-*N* 高效用订单,则会导致过载问题并降低推荐系统的性能。过载问题是一个被广泛研究的经典问题[146-147],尽管具体背景与本书有所差异,但其研究成果为本书提供了宝贵的参考视角。针对上述挑战,本章提出两种潜在的解决方案。解决方案一:建立一个均衡的分配机制。该机制在向驾驶员提供推荐订单之前,首先计算驾驶员的累计收入,然后评估驾驶员采纳本次订单的运营成本,随后,运用评估函数[146]来分配推荐订单,并且优先考虑评估值较低的驾驶员。此策略旨在缩小驾驶员间收入差距的同时,也致力于缩短乘客的等待时间,提升整体运营效率。解决方案二:基于行驶成本函数的公平推荐策略。此策略利用行驶成本函数[147]预估驾驶员的花销,在获取路网信息的前提下公平地推荐订单。行驶成本函数包括三个评价原则：一是确保在成功接载乘客的前提下，最小化车辆运营成本；二是根据车辆当前位置至乘客所在地的行驶距离，对订单成功概率实施递减加权处理；三是当多个推荐订单涉及共同区域时，无论其在推荐序列中的顺序如何，均能有效共享该区域的成功概率预测，确保在驾驶员群体间实现推荐的公平性。此机制旨在应对多驾驶员同时请求推荐时的资源分配难题，保障推荐系统的有效性和公正性。

本章小结

　　本章聚焦于网约出租车驾驶员运营行为的特性，通过实例探讨了在移动情境感知框架下，如何实施 Top-N 高效用个体用户行为模式的深度挖掘，以优化下一个订单的推荐策略。具体而言，本章提出了订单效用函数应用于计算订单和订单序列产生的收益，构建了高效用序列树为网约出租车驾驶员识别高收益的订单序列模式，继而基于此序列为驾驶员推荐全局高预期收益的下一个订单。高效用序列树的构建过程分为自上而下和自下而上两个步骤，并采用节点效用和路径效用两个剪枝策略，有效地减少了候选集的规模，另外，为了适应驾驶员面临的多变的移动情境，还实现了高效用序列树的动态更新，能够满足驾驶员因移动情境变化和交互行为产生的更新需求，从而辅助驾驶员理解和管理自身的运营行为，提高预期收益。

　　本章所构建的效用函数和 Top-N 高效用个体用户行为模式挖掘算法适用但并不局限于网约出租车驾驶员高预期收益订单的推荐问题，也可以应用于其他面向个体用户的高效用序列行为模式挖掘应用，如个性化旅游路线规划、智能物流配送优化等领域，展现出强大的应用潜力和价值。

第4章

移动情境感知环境下的群体用户
行为模式挖掘方法

面向群体用户感知层面的行为模式挖掘强调群体用户整体的移动行为规律和特点。本章以城市居民的通勤行为模式为例,从群体用户的共性情境角度出发,研究移动情境感知环境下的群体用户行为模式挖掘方法。城市居民群体通勤行为模式是指因通勤而在时间和空间上结合的松散群体的频繁的行为规律和特点。基于群体用户的共性情境构建了情境模型,并将群体用户通勤行为模式和移动情境进行匹配,可以为城市公共交通管理部门布局和调度车辆提供决策支持,从而提升面向群体用户的精准服务。

4.1 问题描述与研究框架

通勤,作为城市居民日常生活中不可或缺的一环,特指在居住地与职场间进行的规律性往返活动[148-149],是城市中具有代表性的群体行为。城市居民通勤行为模式揭示的是群体居民在通勤时使用交通工具所展现出的时间与空间分布特征。随着城市化进程的加速与居民就业地域的广泛拓展,通勤活动不仅在数量上急剧增长,其复杂性亦日益凸显。当大量人群在特定时段、特定方向上高度聚集时就会形成通勤高峰,导致交通拥堵[150]、空气污染[151]和生活满意度降低等城市问题[149,152]。因此,有必要对居民的通勤行为模式进行分析研究、掌握居民通勤时空规律,有助于诸如城市规划[153]、城市土地结构[154]、交通建模与预测[155]等领域的研究。

城市空间结构,作为经济活动与居民生活空间分布的综合体现,与交通网络交织紧密,深刻影响着居民的通勤模式与效率[156]。目前,学术界对通勤行为的研究多聚焦于个体出行方式的统计与交通影响的孤立分析,鲜少将视角拓展至城市整体空间结构层面,深入探讨通勤行为在时间与空间维度上的特征及其模式应用案例。本章试图通过出租车轨迹从时间、空间角度理解群体用户的通勤行为对城市公共交通的需求,这些发现不仅可供城市规划者或决策者参考、优化城市空间布局,还可为城市交通规划提供启示。

对通勤模式的深入探索需要大量时空数据。出租车轨迹数据,凭借其蕴含的城市空间动态信息,并借助无线定位技术的飞速发展,已成为揭示通勤行为模式的重要资源。相较于公交车轨迹受限于固定线路、私家车轨迹难以全面获取的局限性,出租车轨迹数据展现出无可比拟的优势:时间覆盖的连续性,得益于出租车服务的全天候运营,确保数据收集的不间断性;空间覆盖的广泛性,出租车不受固定行驶路线的约束,能够触及城市各个角落,可以收集城市中更多区域的空间数据。出租车轨迹数据包含乘客行程起点和讫点的位置信息和时间信息,可以确定不同乘客的每次行程甚至是精确轨迹。为刻画个体及群体通勤模式提供精细化的数据支撑。然而,要充分发挥这些数据的潜力,还需克服一系列技术难关。首要挑战在于数据规模庞大,城市中众多装有定位设备的出租车每日生成的海量数据,对计算资源提出了极高要求,要从中分析大规模城市居民长期时空移动模式的计算花销是非常昂贵的;另一项关键挑战在于数据的原始形态,由于定位设备收集的二维坐标数据缺乏直接的情境与语义信息,加之频繁出现的重复坐标记录(如等待乘客、交通拥堵等情境),增加了数据解析的复杂度。因此,将二维轨迹坐标聚合到有意义的位置区域是本章的核心议题之一。

出租车载客起点和讫点分别是一段行程的开始位置和结束位置,不仅直接映射了乘客的出行意图,还构成了理解城市流动性和通勤行为模式的关键维度。本章运用空间聚类技术,将出租车轨迹的起讫点数据划分为一系列独立且具代表性的区域,随后解析这些区域所承载的社会经济功能,进而揭示不同功能区域间城市居民通勤行为的内在规律与模式,为公共交通系统的规划与管理构建一个科学、系统的分析框架。

为了形式化本章的研究问题,现给出以下定义。

定义:轨迹

轨迹(Trajectory)是按时间顺序组成的踪迹序列,记 $tr = \langle (x_0, y_0, t_0),$ $(x_1, y_1, t_1), \cdots, (x_p, y_p, t_p) \rangle$, $(1 \leqslant k \leqslant m)$, x_i, y_i 是轨迹 tr 中的二维空间坐

标，t_i 是对应的时间信息，$i=0,1,2,\cdots,p$ 且 $t_0<t_1<\cdots<t_p$。

定义：起点和讫点（Origins and Destinations，OD）

以 $O=(x_0,y_0,t_0)$ 表示轨迹 tr 的起点，即乘客搭乘出租车的起点，以 $D=(x_p,y_p,t_p)$ 表示讫点，即乘客搭乘出租车的终点。$M=\langle(x_1,y_1,t_1),(x_2,y_2,t_2),\cdots,(x_{p-1},y_{p-1},t_{p-1})\rangle$ 是上车地点和下车地点之间的子轨迹，描述出租车的行驶路线，因此轨迹 tr 可以表述为出发点 O，讫点 D 和线路 M 的三元组：tr$=\langle O,M,D\rangle$。$OD=\langle O,D\rangle$，表示乘客从 t_0 时刻在位置(x_0,y_0)上车，t_p 时刻在位置(x_p,y_p)下车。

鉴于经纬度数据处理的计算复杂性与时间成本高昂，对经纬度地址转换至一种更为概括性的位置表征方式显得尤为重要。此转换旨在缩减候选位置集合的规模，同时确保位置信息的有效性与实用性得以保留。本章通过映射将每个具体的经纬度坐标映射至预设的、界限明确的网格内，从而实现位置信息的有效泛化与简化处理。通过这一方法，不仅能够显著降低后续分析的计算负担，还能在保持位置精度的前提下，优化数据处理流程。

定义：OD 聚类

将运营数据集中所有乘客乘车起点和讫点（OD）划分在多个簇中，$C=\{C_1,C_2,\cdots,C_{N_c}\}$，$N_c$ 是簇的数量。

此处引入工作居住指数（Work Residence Index，WRI）[66]，用于描述城市生活区的功能特征以及分布结构。

定义：工作居住指数（Work Residence Index，WRI）

一个区域的工作居住指数定义为在早高峰时段驶入量和晚高峰时段驶出量与早高峰时段驶出量和晚高峰时段驶入量之差，和早高峰时段总流量与晚高峰时段总流量之和的比率，即

$$\text{WRI}=\frac{(|D_m|+|O_e|)-(|O_m|+|D_e|)}{|O_m|+|D_m|+|O_e|+|D_e|} \tag{4.1}$$

其中$|D_m|$和$|D_e|$分别是一个功能区域中早高峰时段和晚高峰时段出租车驶入数量，而$|O_m|$和$|O_e|$分别是此区域早高峰时段和晚高峰时段出租车驶出数量。簇 C_j 在早高峰时段和晚高峰时段出租车的驶入量和驶出量示意图如图 4.1 所示。

若一个区域在早高峰时段迎来大量出租车驶入，而晚高峰时段则出现大量出租车驶出，表明该区域与工作活动紧密相关；相反地，若一个区域在早高峰时段迎来大量出租车驶出，而晚高峰时段则出现大量出租车驶入，表明该区域具有居住区特征。本章将所有功能区根据 WRI 指数映射到三个区域类型。

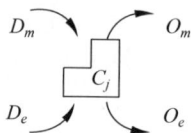

图 4.1　簇 C_j 早高峰时段和晚高峰时段出租车驶入和驶出示意图

（1）WRI$\in[-1,a)$，$a\in(-1,0)$。早高峰时段驶出多于早高峰时段驶入，晚高峰时段驶入多于晚高峰时段驶出，则标识为居住区。

（2）WRI$\in[a,b]$，$a\in(-1,0)$，$b\in(0,1)$。早高峰时段驶出接近早高峰时段驶入，晚高峰时段驶入接近晚高峰时段驶出，无明显差异，则标识为中性区。

（3）WRI$\in(b,1]$，$b\in(0,1)$。早高峰时段驶出少于早高峰时段驶入，晚高峰时段驶入少于晚高峰时段驶出，则标识为工作区。

其中 a 和 b 是两个界限阈值，根据具体应用问题选择。

本章的目的是基于通勤数量和通勤距离来研究工作区和居住区之间的通勤模式。具体来说，通勤行为模式依据以下条件划分为四种模式。

（1）高频短途通勤行为模式（High-volume Short-distance，HS）：$V>V_{\text{value}}$且 $L\leqslant L_{\text{value}}$。

（2）高频长途通勤行为模式（High-volume Long-distance，HL）：$V>V_{\text{value}}$且 $L>L_{\text{value}}$。

（3）低频短途通勤行为模式（Low-volume Short-distance，LS）：$V\leqslant V_{\text{value}}$且 $L\leqslant L_{\text{value}}$。

（4）低频长途通勤行为模式（Low-volume Long-distance，LL）：$V\leqslant V_{\text{value}}$且 $L>L_{\text{value}}$。

给定工作区 C_w、居住区 C_r、通勤量 V 和通勤距离 L，C_w 和 C_r 之间的通勤模式由以下公式确定：

$$p(C_w,C_r,V,L)=\begin{cases}HS,V>V_{\text{value}},L\leqslant L_{\text{value}}\\ HL,V>V_{\text{value}},L>L_{\text{value}}\\ LS,V\leqslant V_{\text{value}},L\leqslant L_{\text{value}}\\ LL,V\leqslant V_{\text{value}},L>L_{\text{value}}\end{cases} \tag{4.2}$$

基于以上内容，通勤模式定义为

$$P=\{p(C_w,C_r,V,L)\mid C_w\in C,C_r\in C,1\leqslant w\leqslant N_c,1\leqslant r\leqslant N_c\} \tag{4.3}$$

OD 的空间聚类是本章中城市功能区的识别和城市居民通勤行为模式分析的研究基础，聚类效果直接影响本章分析框架的准确性。Rodriguez 等[157] 提出了密度峰值聚类算法(DPC),该算法假设聚类中心的局部密度高于其近邻的局部密度,并且聚类中心往往彼此很好地分离。基于这些假设,样本点 x_i 的局部密度 ρ_i 和距离 δ_i 分别定义为式(4.4)和式(4.5)。

$$\rho_i = |\ \{j\ |\ j \neq i, d_{ij} < d_c\}\ | \tag{4.4}$$

其中 $|\cdot|$ 表示数据集中元素的数量,d_{ij} 是点 x_i 和 x_j 之间的欧几里得距离(欧氏距离),d_c 是截断距离,需要人工确定数值,明显地,点 x_i 的局部密度 ρ_i 受阈值 d_c 的影响。点 x_i 的局部密度 ρ_i 是点 x_i 以 d_c 为半径的邻域内样本点的数量。

$$\delta_i = \begin{cases} \max\{d_{ij}\ |\ j = 1, \cdots, n\}, & i = \arg\max\{\rho_j\ |\ j = 1, \cdots, n\} \\ \min\{d_{ij}\ |\ \rho_j > \rho_i, j = 1, \cdots, n\}, & \text{其他} \end{cases}$$

$$\tag{4.5}$$

其中 n 是数据集中的样本点数,δ_i 通常是点 x_i 和 x_j 之间的最大欧氏距离。但是,当局部密度最大时,δ_i 是点 x_i 与任何其他具有较高局部密度的点之间的最小欧氏距离。这个定义保证了具有最高局部密度的点能够被识别为密度峰值。

在获得局部密度 ρ_i 和高密度距离 δ_i 之后,可以通过 $\gamma_i = \rho_i \times \delta_i$ 来确定聚类中心,从而在识别密度峰值时考虑局部密度和距离之间的折中。在确定密度峰值(聚类中心)后,剩余的点被分配到与密度较高的最近点相同的聚类。

但是,DPC 算法存在以下瓶颈。首先,DPC 利用欧氏距离度量,忽略不同特征对点之间距离的不同贡献[157];其次,截断距离 d_c 在 DPC 算法中起着至关重要的作用。尽管 d_c 被建议选择数据集 1%～2%,但它仍然是基于经验知识的;第三,DPC 采用一步分配策略,这意味着单个点被分配到错误的聚类可能导致后续密度较低的点被错误分配。

为了克服这些问题,本章构建了一个基于出租车轨迹的城市居民通勤模式分析框架,主要由四部分组成,如图 4.2 所示。首先,从轨迹数据提取乘客乘车起点和讫点数据,并将其映射到 OD 网格;其次,提出了一种增强的空间聚类算法(Grid Density Peak Clustering with Standard deviation weighted distance and Fuzzy weighted Natural Neighbors,GDPC_SFNN),该算法使用标准偏差加权距离和自然近邻对 OD 网格进行分组,分为 N_c 个簇。GDPC_SFNN 算法使用标准偏差加权距离来衡量点之间的距离,并重新定义每个点 x_i 的局部密度 ρ_i 和距离 δ_i。此外,GDPC_SFNN 算法结合了自然近邻方法来自动识别相互的 K 最近邻,以及一种分而治之的分配策略,以确保将剩余点分配到簇中的最大准确性;再次,使用工作居住指数 WRI 将 N_c 个簇映射到工作区、居住区和中性区三个功能区类型,为乘客乘车起点和讫点赋予语义标签,识别用户行程的目标,特别是关于居民群体在工作区与居住区之间的通勤行为。最后,根据居住区与工作区之间的通勤数量和通勤距离将通勤行为模式划分为高频短途、高频长途、低频短途和低频长途,进而对城市居民群体的四种通勤行为模式进行时间、空间特征分析,为城市公共交通管理部门监管和调度工作提供依据和建议。

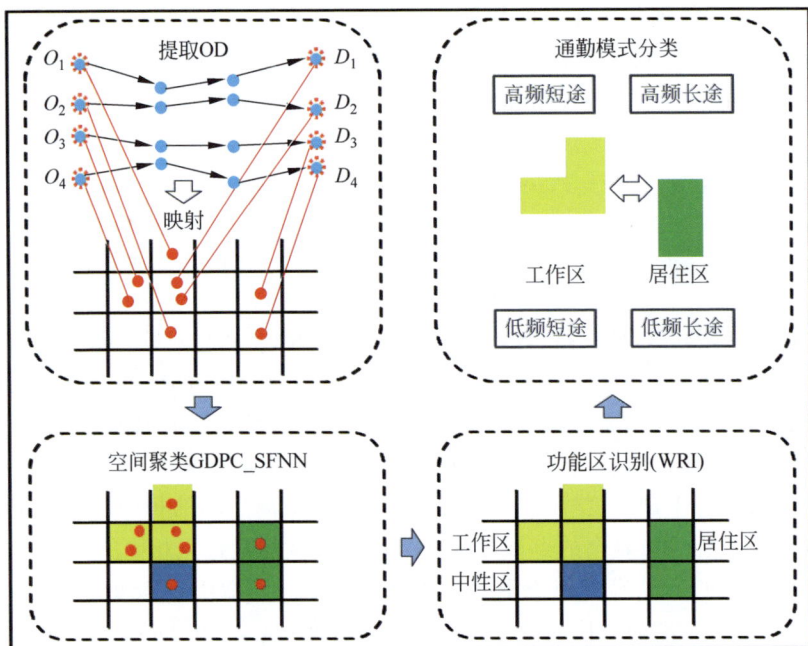

图 4.2　基于出租车轨迹的城市居民通勤行为模式挖掘框架

GDPC_SFNN 采用标准差加权距离,结合自然邻居方法和分治分配策略,从根本上解决了传统 DPC 算法的局限性。

4.2　城市居民通勤行为模式挖掘算法

4.2.1　网格映射

在纬度和经度粒度上进行聚类是复杂且耗时的。因此,本章将 OD 点转换为更广义的网格,以有效地降低成本。具体而言,将城市分解为网格矩阵 $\boldsymbol{G}$,并将 OD 点映射到 $\boldsymbol{G}$。网格大小将在 4.3.2 节中讨论。

定义:网格映射

给定一个地理区域,将其表达为二维空间 $\boldsymbol{G}$,按照经纬度方向分别进行等距离划分,这样区域就被划分成若干大小相等且不相交的网格单元,$\boldsymbol{G} = \{g_{i,j} \mid g_{i,j} = (i,j,h), 1 \leqslant i, j \ll n\}$。

其中 i, j 表示二维空间中网格的序列号,$h = \sum_{t=1}^{q} v_t$ 表示落入网格的 OD 点的总数。v_t 是一个二值变量,当一个点映射到网格时,v_t 为 1,否则为 0。如图 4.3 所示,将 OD 的纬度和经度投影到网格上,网格 $g_{4,2} = (5, 2, 6)$。

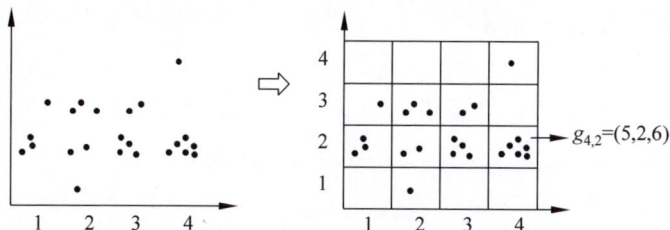

图 4.3 起点和讫点网格映射与网格热度

具体来说,将城市区域分解为网格单元格矩阵 $\boldsymbol{G}$,定义函数 $F: R \times R \rightarrow \boldsymbol{G}$,将经纬度坐标映射到网格单元。选择网格单元大小的标准是确保位置信息的准确性,同时最大化网格单元大小。

4.2.2 标准偏差加权距离

在聚类分析领域,相似性度量的准确性对于聚类效果至关重要。尽管归一化处理作为一种常见的数据预处理手段,有效缓解了特征尺度差异对样本点间距离(即相似性)评估的干扰,但它未能充分顾及不同特征在整体距离计算中的差异化贡献。为了解决这个问题,本章提出了一种创新性的距离度量方法,该方法将标准偏差作为特征权重的核心组成部分融入距离计算中[158]。这样能够根据数据集的内在分布特性,动态调整各特征在距离评估中的权重,从而更加精准地反映各特征对整体相似度判断的实际影响。通过此方式,不仅能够增强聚类分析的鲁棒性,还能提升聚类结果的合理性和解释性。

定义:标准偏差加权距离

点 $x_i = (x_{i1}, x_{i1}, \cdots, x_{im})$ 和点 $x_j = (x_{j1}, x_{j1}, \cdots, x_{jm})$ 之间的新距离 sd_{ij} 定义如下。

$$\mathrm{sd}_{ij} = \sqrt{\sum_{k=1}^{m} (w_k x_{ik} - w_k x_{jk})2}, \quad i,j = 1, \cdots, n \tag{4.6}$$

其中 $w_k = \dfrac{s_k}{\sum\limits_{l=1}^{m} s_l}$，$s_k = \sqrt{\dfrac{1}{n}\sum\limits_{l=1}^{n}(x_{lk} - \tilde{x}_k)^2}$，$\tilde{x} = \dfrac{1}{n}x_{lk}$，$n$ 是数据集中的样本数，

m 是每个样本的特征数。

点 x_i 的局部密度和距离随后在式（4.7）和式（4.8）中定义。其中 KNN_i 是点 x_i 的 K 最近邻的集合。

$$\rho_i = \sum_{j \in \mathrm{KNN}_i} \exp(-\mathrm{sd}_{ij}) \tag{4.7}$$

$$\delta_i = \begin{cases} \max\{\mathrm{sd}_{ij} \mid j = 1,\cdots,n\}, & i = \mathrm{argmax}\{\rho_i \mid j = 1,\cdots,n\} \\ \min\{\mathrm{sd}_{ij} \mid \rho_j > \rho_i, j = 1,\cdots,n\}, & \text{其他} \end{cases}$$

$$\tag{4.8}$$

点 x_i 的局部密度 ρ_i 将使用其 K 最近邻信息来计算，而参数 K 比确定截止距离 d_c 更容易。

4.2.3　自然近邻

为了解决参数 K 的取值问题，本章提出了一种自然邻居方法[159]，该方法能更好地适应一个数据集的内在分布特征。自然邻居方法源自人类社会中的社交友谊概念，它摒弃了传统方法中对预设参数的依赖，转而采用一种动态策略来精准界定每个数据点的最优近邻集大小。这种方法的基本原理在于密度驱动的邻居界定，即人口稠密的地区表现出更高的邻居数量，而人口稀少的地区则有较少的邻居。这一设计不仅符合自然界中"物以类聚"的普遍规律，也有效提升了算法对数据复杂性的适应能力。此外，自然邻居方法还内置了对异常值或噪声数据的鲁棒性处理机制，它假设异常样本在数据空间中孤立无援，缺乏紧密的近邻关系，该方法能够在不牺牲整体性能的前提下，有效过滤或减轻异常数据对分析结果的影响。

假设一个数据集 $X = \{x_i \mid i = 1, 2, \cdots, n\}$，查找点 x_i 的自然邻居可以借助标准偏差加权距离计算相似性。点 x_i 的 K 最近邻的集合 KNN_r 定义如下：

$$\mathrm{KNN}_r(x_i) = \bigcup_{n=1}^{r} \mathrm{findKNN}(x_i, n) \tag{4.9}$$

其中 $\mathrm{findKNN}(x_i, n)$ 表示 x_i 的第 n 个最近邻的搜索函数。

定义：自然邻居

点 x_i 的自然邻居定义如下：

$$x_j \in \text{KNN}(x_i) \Leftrightarrow (x_i \in \text{KNN}_r(x_j)) \wedge (x_j \in \text{KNN}_r(x_i)) \quad (4.10)$$

应该注意的是,自然邻居的数量与传统邻居的数量不同。在密集区域中,一个样本点可能有许多自然邻居,而在稀疏区域,其自然邻居数量则显著减少。这一现象凸显了自然邻居方法在处理数据分布不均问题上的独特优势,能够生成更为丰富且具洞察力的结果。为了获取自然邻居的稳定集合[159-160],可以通过逐步增加搜索半径 K,直至达到一个特定阈值 λ(即自然邻居特征值),同时动态计算每个样本点的反向邻居数量。具体过程由算法 4.1 详细阐述。迭代过程的终止条件设定如下:(1)数据集中的每个样本点均被识别为其他至少一个样本点的自然邻居,这促进了数据点间关系的全面覆盖;(2)不再有新的非自然邻居样本点转换为自然邻居,即当前的自然邻居集合已达到稳定状态,无须进一步扩展搜索范围。

算法 4.1:自然邻居搜索

输入:数据集 $X = \{x_i | i = 1, 2, \cdots, n\}$

输出:自然邻居特征值 λ

1: $\lambda = 1, \text{flag} = 0$
2: 计算标准偏差加权距离矩阵 $\boldsymbol{S} = \{\text{sd}_{ij} | i, j = 1, 2, \cdots, n\}$
3:     where flag$==0$ do
4:         for $\forall x_i \in X$ do
5:             NaN_Num$(x_i) = 0$;
6:             knn$_r(x_i) = \text{findKNN}(x_i, r)$;
7:             KNN$_r(x_i) = \text{KNN}_r(x_i) \bigcup \text{knn}_r(x_i)$;
8:             if $x \in \text{KNN}_r(x_i) \bigcup \text{knn}_r(x_i)$ then
9:                 NaN_Num$(x_i) = \text{NaN\_Num}(x_i) + 1$;
10:            NaN_Num$(\text{knn}_r(x_i)) = \text{NaN\_Num}(\text{knn}_r(x_i)) + 1$;
11:            end if
12:         end for
13:         cnt $= \text{count}(\text{NaN\_Num}(x_i)) == 0$;
14:         rep $= \text{repeat}(\text{cnt})$;
15:         if all$(\text{NaN\_Num}(x_i)) \neq 0 || \text{rep} \geqslant \sqrt{(r - \text{rep})}$ then
16:            flag $= 1$;
17:         end if
18:         $r = r + 1$;
19:     end while
20:     $\lambda = r - 1$.
21: return λ

K 自然邻居和传统的 K 最近邻(K-NN)之间的区别是显著的。自然邻居算法在构建其稳定结构的过程中,能够自动完成所有计算步骤,而无须预设任何参数,这一特性显著区别于 K 最近邻算法,后者通常依赖于特定参数的选择。

4.2.4　分而治之策略

本章采用了一种分而治之的策略来检测数据集潜藏的聚类结构,促使每个数据样本都能被准确归类至其所属的簇中。具体来说,将除密度峰值点外的剩余样本划分为非异常样本和异常样本两大类别,此步骤对于提升聚类结果的纯净度与质量至关重要。分而治之策略对于优化数据点分配及提高聚类分析的精确度方面,展现出了显著的优势与必要性。

本章在式(4.11)中定义了异常样本,式(4.12)中 r_i^K 表示点 x_i 到其 K 最近邻的最大邻域半径,式(4.10)中的 $\mathrm{KNN}_r(x_i)$ 表示包括点 x_i 的 K 最近邻的集合,并且 sd_{ij} 是点 x_i 和 x_j 之间的标准差加权距离,式(4.13)中限定的 τ 表示数据集中所有样本点的最大邻域径向的平均值,n 是样本点的数量。如果一个样本点的最大邻域半径(基于其 K 自然邻域计算)超过所有样本点中观察到的最大邻域的平均值,则该样本点将被归类到异常样本。

$$\text{outliers} = \{o_i \mid r_i^K > \tau\} \tag{4.11}$$

$$r_i^K = \max_{j \in \mathrm{KNN}_r} \{\mathrm{sd}_{ij}\} \tag{4.12}$$

$$\tau = \frac{1}{n} \sum_{i=1}^{n} r_i^K \tag{4.13}$$

通过使用式(4.11)这个定义,可以有效地区分异常样本和非异常样本,从而使后续的分配策略能够实施差异化的处理策略。分配过程包括使用算法4.2,最大化地将非异常样本准确归类至其对应的簇中。这一过程不仅提升了数据处理的效率,还增强了簇内样本的同质性。然而,鉴于数据集的复杂性与多样性,算法4.2可能无法覆盖所有非异常样本。针对这部分未被成功聚类的非异常样本,将其与异常样本一同纳入算法4.3的处理范畴。算法4.3可以有效处理那些难以通过常规算法归类的样本,包括未被算法4.2识别的非异常样本及明确的异常样本。

以下是算法4.2的详细描述。

算法 4.2：非异常样本聚类

输入：非异常样本 non-outliers，簇中心 cluster centers

输出：簇 Clusters，未分配的样本 unassigned points

1：设置所有密度峰值（簇中心）的状态为 unvisited

2：while 存在 unvisited 状态的簇中心 do

3：　　选择一个簇中心 c_i，设置其状态为 visited

4：　　创建一个队列 Q

5：　　将 c_i 的 K 自然近邻分配至 c_i 所在的簇

6：　　让 c_i 的 K 自然近邻逐个进入队列 Q

7：　　while Q 非空 do

8：　　　删除队列 Q 的头元素 q；

9：　　　for $\forall p \in \text{KNN}_q$ do

10：　　　　if p 未分配 & 非异常样本 then

11：　　　　　$\theta = \dfrac{1}{K} \displaystyle\sum_{j \in \text{KNN}_q} \text{sd}_{jp}$；

12：　　　　　if $\text{sd}_{jp} < \theta$ then

13：　　　　　　将 p 分配至 q 所在的簇；

14：　　　　　　将 p 加入队列 Q

15：　　　　　end if

16：　　　　end if

17：　　　end for

18：　　end while

19：end while

　　算法 4.3 假设，如果点 x_j 是点 x_i 的 K 最近邻之一，那么点 x_i 也是点 x_j 的 K 最近邻之一。此外，算法 4.3 通过使用半监督学习原理在式（4.14）中定义点 x_i 的模糊隶属度 p_i^c，结合半监督学习思想计算点 x_i 属于聚类 c 的概率。

$$p_i^c = \sum_{j \in \text{KNN}_i, y_j = c} \gamma_{ij} \times \omega_{ij} \tag{4.14}$$

其中 $\gamma_{ij} = \dfrac{\omega_{ij}}{\displaystyle\sum_{j \in \text{KNN}_j} \omega_{ij}}$ 是标准化权重，用于判断点 x_i 属于簇 c 的概率。$\omega_{ij} = \dfrac{1}{1 + \text{sd}_{ij}}$ 则是点 x_i 与 x_j 之间的相似度，sd_{ij} 是点 x_i 与 x_j 之间的加权距离，$\omega_{ij} \in (0,1]$，$y_j = c$ 表示点 x_j 已经分配至簇 c，而 $\text{KNN}(x_i)$ 表示点 x_i 的 K 最近邻集合。p_i^c 的定义意味着，当与点 x_i 相关联的所有最近邻中有更多的 K 最近邻已经被分配到簇 c 时，点 x_i 属于簇 c 的可能性增加。

此外，式(4.15)定义了如何更新点 x_i 属于簇 c 的模糊隶属度值 p_i^c。

$$p_i^c = p_i^c + \gamma_{ij} \times \omega_{ij} \qquad (4.15)$$

默认情况下，点 x_i 与 x_j 是彼此的 K 自然邻居，这意味着如果点 x_i 是 x_j 的 K 最近邻之一，那么 x_j 与 x_i 的 K 最近邻之一。该假设有助于基于点 x_i 与 x_j 的相似性将点 x_i 的隶属性更新为簇 c。

这里描述算法 4.3 的细节。

算法 4.3：异常样本和算法 4.2 未分配样本的聚类

输入：异常样本 Outliers，未分配样本 unassigned points

输出：簇 Clusters

1：for 每个未分配样本点 x_i do

2：　　使用式(4.10)计算点 x_i 属于簇 c 的隶属度 p_i^c

3：计算相似度矩阵 $\boldsymbol{S} = \{p_i^c \mid i = 1, \cdots, r, j = 1, \cdots, C\}$

4：计算 $p_k^s = \max\{p_i^j \mid p_i^j \in \boldsymbol{S}, i = 1, \cdots, r, j = 1, \cdots, C\}$

5：while $p_k^s > 0$ do

6：　　将点 x_s 分配至簇 k

7：　　for $j = 1, \cdots, C$ do

8：　　　　$p_k^j = 0$；

9：　　end for

10：　　for $\forall q \in \text{KNN}_s$ do

11：　　　　for $\forall c = 1$ to C do

12：　　　　　　$p_q^c = p_q^c + \gamma_{qs} \times \omega_{qs}$；

13：　　　　end for

14：　　end for

15：　　$p_k^s = \max\{p_i^j \mid p_i^j \in \boldsymbol{S}, i = 1, \cdots, r, j = 1, \cdots, C\}$；

16：end while

4.2.5　GDPC_SFNN 算法

GDPC_SFNN 方法通过集成标准偏差加权距离、新的局部密度和网格距离，以及非异常样本和异常样本的分而治之策略，显著增强了聚类分析的效能与准确性。以下是 GDPC_SFNN 的详细步骤。

算法 4.4：GDPC_SFNN

输入：轨迹数据集 T，参数 K

输出：簇 Clusters

1：从轨迹数据集 T 提取起讫点(OD)，将 OD 映射至网格集合 $X=\{x_i\,|\,i=1,\cdots,m\}$

2：对集合 X 进行标准化处理

3：使用式(4.6)计算样本点之间的标准偏差加权距离

4：式(4.7)和式(4.8)计算样本点的局部密度和距离

5：检测密度峰值(簇中心)

6：式(4.11)计算数据集 X 的异常样本，非异常样本＝X－异常样本－{密度峰值}

7：根据算法 4.2 将非异常样本分配至最合适的簇中

8：根据算法 4.3 将步骤 7 中余下的样本点分配至最合适的簇中

9：根据算法 4.2 将异常样本分配至最合适的簇

10：如果依然存在未分配的少量样本点，则将其分配至各自 K 最近邻所在的簇

最终的聚类结果中，同一个网格单元内的数据点默认为属于同一个簇。经过空间聚类过程之后，出租车轨迹数据集中所有起点和讫点均被赋予了明确的簇标识，这一过程不仅实现了数据的聚类划分，还赋予了这些点以功能区属性的语义内涵，从而增强了数据的解释性和应用价值。

4.2.6 复杂度分析

假设 n 是轨迹数据集中 OD 点的总数，m 是 OD 映射后的非空网格数，那么 $m\ll n$。

DPC 算法的空间复杂度为 $O(n^2)$，主要花销在相似度矩阵的存储上，而 GDPC_SFNN 算法空间复杂度为 $O(m^2)$。GDPC_SFNN 算法虽然需要额外存储每个网格的 K 最近邻，但仍然低于构建算法 4.3 中相似度矩阵的存储要求，根据已知条件 $m\ll n$ 可知，K 最近邻的存储并未增加 GDPC_SFNN 算法的空间复杂度。因此，与 DPC 相比，GDPC_SFNN 空间复杂度更低，更适合处理大规模数据集。

DPC 算法的时间复杂度为 $O(n^2)$，主要涉及计算欧氏距离矩阵、局部密度和截止距离。GDPC_SFNN 的时间复杂度为 $O(m^2)$，主要源自以下方面：(1)计算每个特征的权重，时间复杂度为 $O(m^2)$；(2)基于加权特征计算网格之间的相似度，时间复杂度为 $O(m^2)$；(3)计算每个网格的局部密度和距离，需要搜索网格的 K 最近邻，时间复杂度为 $O(m^2)$；(4)将非密度峰值样本点分配给适当的簇，这部分包括算法 4.2 和算法 4.3 的时间复杂度，不超过 $O(m^2)$。根

据已知条件 $m \ll n$，GDPC_SFNN 的时间复杂度显著低于 DPC。

综合以上分析，在实际数据处理过程中，GDPC_SFNN 算法在时间复杂度和空间复杂度方面均优于 DPC。

4.3　实验及结果分析

在本节中，将在如表 4.1 所示的真实数据集上评估 GDPC_SFNN 的性能，并将其与两种典型的空间聚类算法进行对比。

4.3.1　数据集

本节使用大连市 2014 年 3 月 3 日至 2014 年 3 月 7 日这一时段内，共计4350 辆出租车产生的详尽运营数据集合（简称 TOD）。此数据集规模宏大，涵盖了超过 105 万条记录，每条记录均是出租车的一次载客运营的记载，包括出租车 ID、日期、时间、起点经纬度、讫点经纬度以及该次服务所收取的计价费用和车辆实际行驶的距离。数据集 TOD 描述如表 4.1 所示。

表 4.1　数据集 TOD 的描述

ID	Hour	X1	Y1	X2	Y2	Free	Distance
107294	16	121.630 01	38.886 26	121.536 67	38.886 18	26.3	11.2
107294	15	121.470 15	38.984 82	121.6284	38.886 68	43.8	20.1
107501	23	121.640 07	38.922 87	121.640 97	38.901 02	11.4	3.3
101650	12	121.582 39	38.913 48	121.6398	38.921 81	14.8	6.3
102667	12	121.596 59	38.966 38	121.592 14	38.981 42	8	2.3

数据集中所有出租车行驶轨迹起点和讫点经纬度在空间上的分布情况如图 3.6 所示，经观察可以发现，大部分的经纬度聚集于特定区域，表明大多数活动集中在某一核心地带。鉴于此空间分布特征，本章在对出租车载客起点和讫点进行聚类分析时，将经纬度限制在占总数据量 90% 以上的中心区域：经度 [121.20°E, 121.95°E] 和纬度 [38.75°N, 39.18°N]，剔除无效记录或中心区域之外的数据点，以确保聚类分析的准确性和有效性。

如图 4.4 所示，在工作日期间，出租车运营活动在 8:00 迎来首个高峰时段，该高峰持续至 10:00。第二个高峰出现在 19:00—21:00，迅速趋于平稳，这与城市居民通勤的早晚通勤的集中时段相吻合，即这两个时间段内轨迹数据显著密集化。相比之下，周末的出租车运营趋势则展现出两种不同的趋势。首个运营高峰的出现时间相较于工作日有所推迟,同时,第二个高峰的结束时间也相应延后,这些变化深刻反映了居民在周末的出行习惯变化——周末期间,居民倾向于在外活动更长时间,导致归家时间普遍延后。

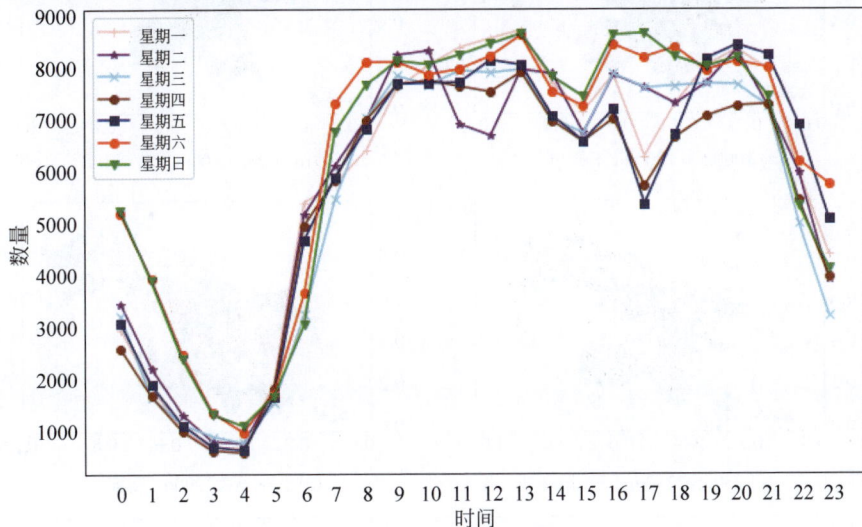

图 4.4　数据集的时间分布

4.3.2　网格单元大小对聚类结果的影响

为了探寻城市居民乘坐出租车出行需求的空间差异,本章将结合网格策略对轨迹的起点和讫点进行空间聚类。在选择网格划分规模时,学者们在文献中主要使用 250m、500m 或 1000m 的规模[161-162]。本章在不同的网格规模上执行 GDPC_SFNN 算法,基于聚类效果来选择最佳的网格划分尺度。聚类结果如图 4.5 所示,当网格规模为 500m 时,聚类数量适中,边界更清晰。城市空间在工作日分为 415 个簇,周末则分为 393 个簇。

此外,本章还利用 Silhouette 系数(Silhouette Coefficient)、Calinski-Harabasz 指数和 Davies-Bouldin 指数评估所构建算法的性能。接下来简要介绍一下上述评价方法。

Silhouette 系数由 Peter J. Rousseeuw 首次提出[163],并在许多参考文献[129,164-165]中得到广泛应用。它结合了内聚性和分辨率,可以用来衡量聚类算法的性能。轮廓系数值介于 −1 和 1 之间,值越大,聚类效果越好。

Calinski-Harabasz 指数[166]是 Calinski 和 Harabasz 首次提出的。它测量

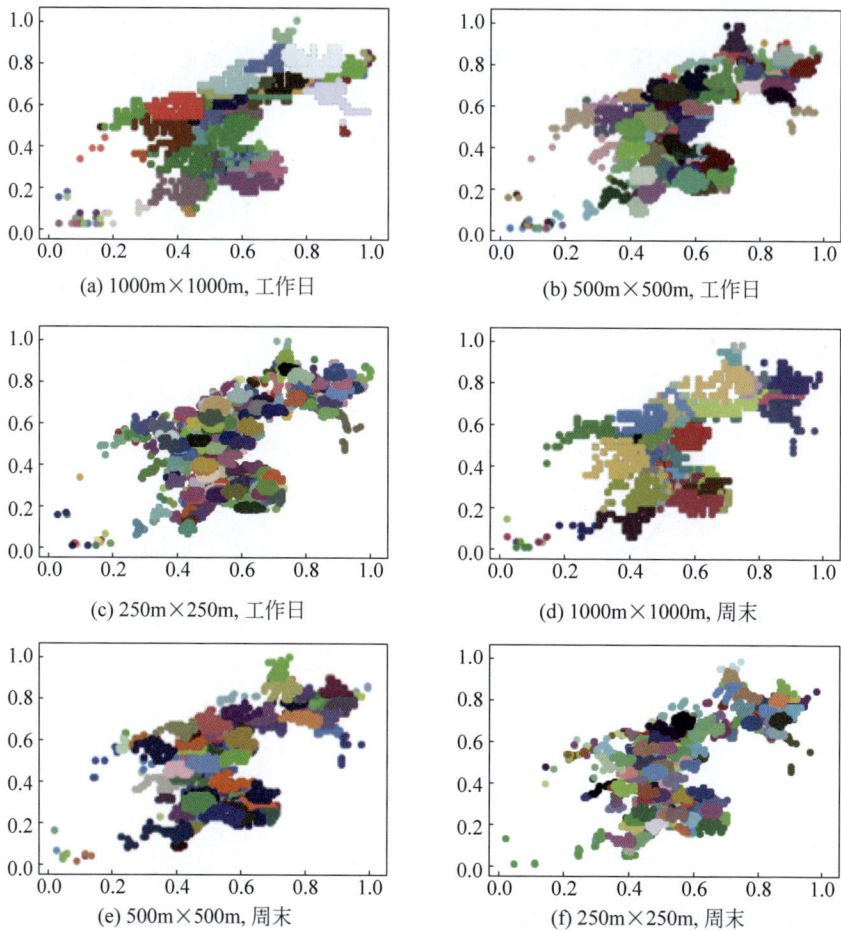

(a) 1000m×1000m, 工作日

(b) 500m×500m, 工作日

(c) 250m×250m, 工作日

(d) 1000m×1000m, 周末

(e) 500m×500m, 周末

(f) 250m×250m, 周末

图 4.5　不同网格规模的聚类效果

簇在内部紧密的同时彼此分离的程度[167-168]。指数的范围从 0 到 +∞,值越高表示聚类结果越好。

Davies-Bouldin 指数[169] 是由 Davies 等首先提出的,Davies-Bouldin 指数是量化聚类结果紧密性和分离性的一个度量。它度量每个簇与其最相似簇之间的相异性[170-171]。指数范围为 0 到 +∞,值越低,聚类结果越好。

表 4.2 显示了不同网格规模在三个评价指标上的表现,清楚地表明 500m 网格在工作日和周末数据子集的评价指标上表现更好。根据表 4.2 中的实验结果,本章选择网格划分规模为 500m,既可以确保获得更精确的聚类结果,又可以显著降低计算成本,另外,在本章,自然近邻特征值 $\lambda = 16$。

表 4.2　不同网格规模的对比

数据子集	工 作 日			周 末		
网格规模	Silhouette Coefficient	Calinski-Harabasz 指数	Davies-Bouldin 指数	Silhouette Coefficient	Calinski-Harabasz 指数	Davies-Bouldin 指数
250m	0.2407	378.4926	2.4959	0.2542	362.9819	2.8219
500m	**0.4645**	**615.006 64**	**2.4531**	**0.4493**	**585.9265**	**2.7181**
1000m	0.3645	408.9265	5.1344	0.3493	392.7724	6.7834

4.3.3　聚类算法对比

将本章提出的 GDPC_SFNN 算法与 Polygons_SM[66] 和 DPC 进行对比。Polygons_SM 是目前已知的与本章工作最相似的空间聚类算法,它由三个关键步骤组成:基于城市交通网络对出租车起点和终点进行聚类,提取城市就业住房结构,并可视化分析结果,目标是识别城市结构和通勤行为的空间分布和时间趋势。具体来说,该算法使用道路交通网络中交叉路口形成的泰森多边形作为初始簇,结合拆分-分裂策略对太小或太大的初始簇进行优化,最终得到聚类结果。本章通过 OpenSteetMap[172] 获取数据集 TOD 的所有交叉路口信息,并将交叉路口形成的泰森多边形作为 Polygons_SM 算法的初始簇。另外,为了保证公平,GDPC_SFNN 和 DPC 算法在 TOD 数据集上统一使用同等网格划分尺度,Silhouette 系数、Calinski-Harabasz 指数和 Davies-Bouldin 指数的对比结果如图 4.6 所示,GDPC_SFNN 算法在工作日和周末两个数据子集上的三个评价指标上都获得了最佳表现。综上所述,GDPC_SFNN 算法的聚类效果好于 Polygons_SM 算法和 DPC 算法。接下来对 GDPC_SFNN 算法进行分析。

首先,本章提出的 GDPC_SFNN 算法兼顾了样本之间的距离和样本的分布密度,而 Polygons_SM 算法虽然在判断簇是否要分裂时,对簇的规模和簇内平均密度也有所考量,但是在分裂阶段所使用的 K-means 方法仅考虑了样本之间的距离,而忽略了密度。

其次,GDPC_SFNN 算法不依赖于地理科学等领域知识,只需要根据城市规模划分网格;而 Polygons_SM 方法则完全依赖于道路交通网而获得初始的空间聚集信息。

再次,经 4.2.6 节分析,GDPC_SFNN 算法的时间和空间复杂度是 $O(m^2)$,而 Polygons_SM 算法的时间和空间复杂度为 $O(n^2)$,$m \ll n$,所以 GDPC_SFNN 算法的时间和空间复杂度都低于 Polygons_SM 算法。Polygons_SM 算法需要

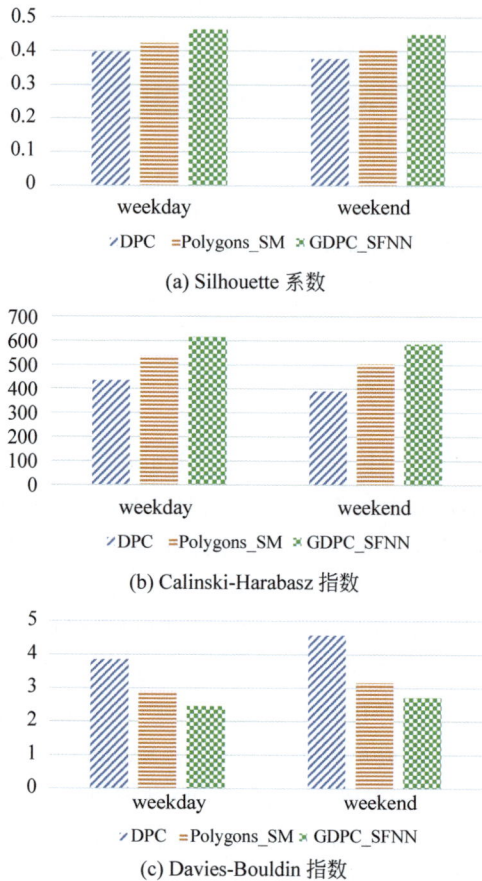

(a) Silhouette 系数

(b) Calinski-Harabasz 指数

(c) Davies-Bouldin 指数

图 4.6　几种方法的轮廓系数对比

由交叉路口生成初始泰森多边形,而且在初始簇的分裂阶段采用了 K-means 算法,因此复杂度更高,而且 K-means 算法初始点随机选取,易引起聚类结果的不稳定。

最后,GDPC_SFNN 算法的参数数量相对较少且容易确定;而 Polygons_SM 算法中参数包括簇大小的警报阈值 θ 和 ε,最大密度因子 λ 和搜索距离 k,其中 θ 和 λ 的阈值确定是十分复杂的工作。

4.3.4　通勤行为模式分析

城市内的一些热门区域在不同时段始终保持高热度状态,而仅在这些热门区域的边缘地带观察到热度的轻微波动。分析其原因,首要归因于这些区域的功能性明显,聚集程度高,如城市中心地带及繁华商业区,它们自然成为通勤活动的核心枢纽。此外,大连市独特的地形地貌条件,即广泛分布的山脉与丘陵,以及相对稀缺的平原与低地,对道路网络的空间布局与延展产生了深刻影响,高度影响了其道路网络的空间结构和分布,进而在一定程度上塑造了通勤高峰期间热图分布的特征。

经过计算,数据集 TOD 的 WRI 服从均值为 -0.03,标准偏差为 0.2 的正态分布,如图 4.7 所示。WRI 值小于 0 表示该地区具有住宅特征,随着住宅特征变得更加明显,WRI 接近 -1。相反,WRI 大于 0 表示该区域具有工作特性,随着工作特性变得更加明显,WRI 接近 1。

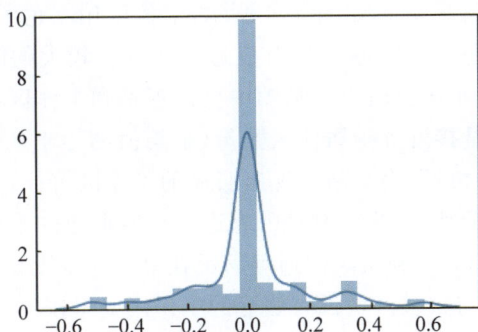

图 4.7　聚类区域工作居住指数 WRI 分布

另外,界限参数 a 和 b 的设置会影响工作区和居住区的划分,进而影响通勤行为模式的分析。下面将根据界限阈值 a 和 b 对工作区和居住区划分的影响来讨论取值情况,界限阈值 a 和 b 的取值对功能区的划分比例的影响如图 4.8 所示。

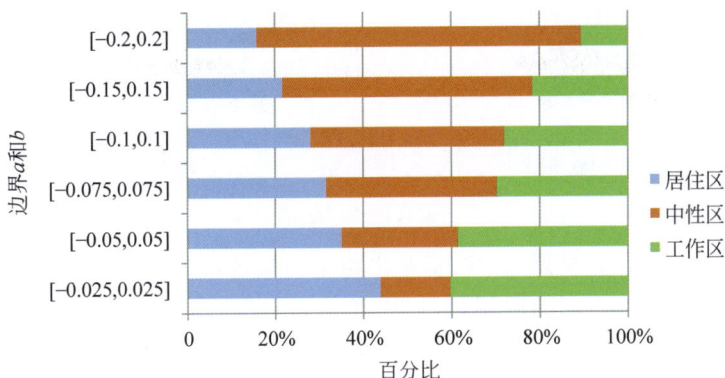

图 4.8　界限阈值 a 和 b 的影响

从图 4.8 中可以看到：(1)当 $a<0.1,b>0.1$ 时，一些特征不是很明显的区域被划分为中立区，导致中立区的数量多于工作区和居住区的总和，占所有区域总数半数以上；(2)当 $a=-0.1,b=0.1$ 时，中立区的数量占所有区域数量的近 50%，此时，划分出的工作区和居住区的特征比较强；(3)当 $a\geqslant-0.1,b\leqslant0.1$ 时，中立区数量变少，而工作区和居住区数量都增加，此时划分的工作区和居住区同时包含强特征和弱特征的区域。本章关注的城市居民群体通勤行为模式是发生在工作区与居住区之间的，这些区域在通勤的早高峰时段和晚高峰时段具有显著单一方向流量，即出租车驶入量和驶出量明显不均衡，因此本章设置 $a=-0.1,b=0.1$。

工作区和居住区的分布如图 4.9 所示，工作区用红色圆圈表示，而居住区用蓝色圆圈表示。每个圆圈的大小对应通勤次数。较大的圆圈表示通勤次数较多，较小的圆圈表示次数较少。从图中可以观察到工作区和居住区的分布特征，首先，工作区数量接近等于居住区数量（平均值约等于 -0.03）；其次，作为最重要的交通枢纽，机场、火车站呈现出明显的工作区特征，早高峰时段大量驶入和晚高峰时段大量驶出，这主要是因为进出交通枢纽的乘客数量整体保持平衡，WRI 反映了工作人员和城际间通勤居民在早高峰时段驶入和晚高峰时段驶出的特征；最后，还有很多区域没有明显的工作区或居住区的特征，这是因为这些区域同时包含商业、工业和住宅用途类型，这种商住混合区域在早高峰和晚高峰时段的驶入和驶出量近似均衡。

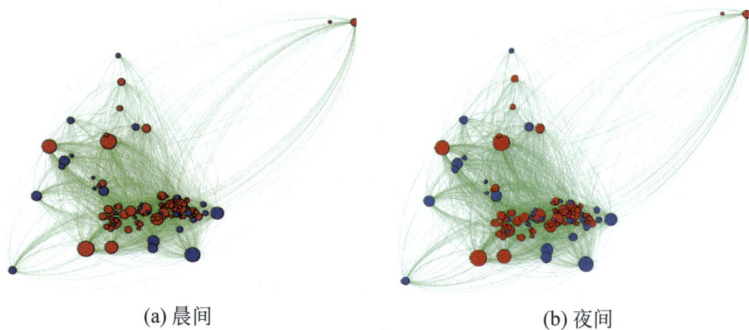

(a) 晨间   (b) 夜间

图 4.9　工作区和居住区的分布

城市居民群体在早高峰时段搭乘出租车的数量略高于晚高峰时段，这主要是因为受固定工作时间的限制，而居民在结束工作后的时间相对宽松，有更多选择交通方式或社会活动的自由，因此以出租车为交通工具的通勤强度是在早高峰时段和晚高峰时段是不对称的。

由上已知，距离(Distance)和数量(Volume)是通勤出行的两个主要指标，也是公共交通调度的重要考量因素。接下来,基于通勤距离和通勤量的统计数据分析通勤行为模式的特征,可以发现一些有趣的通勤行为模式,即高频短途(HS)、高频长途(HL)、低频短途(LS)和低频长途(LL)四种通勤行为模式,如图 4.10 所示。图中的两条线分别是距离和数量的阈值,这两个阈值应根据城市公共交通的规模和调度能力确定,本章的距离阈值为通勤距离的平均值7.64km,数量阈值为通勤数量上限的 85%,然后进行以 10 为底的对数计算,即$\log_{10}^{100} = 2$。

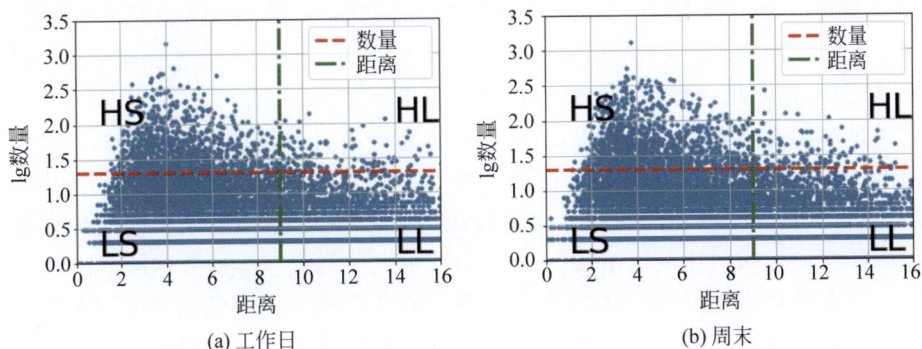

图 4.10　基于距离和频率对数的通勤行为模式分类

高频长途通勤行为模式中,居民的通勤距离大且通勤数量高,例如,HQ 街道至 DLW 街道,HQ 街道至 QS 街道。HQ 街道有七个社区,户籍人口超过 10万。DLW 街道内有港口运输、大型先进装备制造、水产品加工和船舶维修等产业。QS 街道是大连市的一个交通枢纽,辖区内有大型汽车产业带。基于本章对城市居民群体通勤行为模式的分析,这两组街道的居民在通勤早、晚高峰时段的公共交通需求旺盛,而且通勤距离一般超过 8km 甚至 15km,针对这些特点,公共交通管理部门可以在早、晚通勤高峰时段,增加城市快速公交供给量,满足居民高频长途通勤的交通需求。

高频短途通勤行为模式中,居民的通勤距离小且通勤数量高,例如,JC 街道至 ML 街道,LS 街道至 XHW 街道。JC 街道靠近机场,驻有国际机场、航空公司、建筑公司、企业和酒店等。ML 街道下辖 14 个社区,户籍人口超过 10 万。LS 街道是重要的高等学府集聚区、高新技术产业区和风景旅游度假区,十余所高等院校、科研院所,大连市高新技术产业发展基地均坐落在该街道。XHW 街道下辖 16 个社区,户籍人口超过 10 万。基于本章对城市居民群体通勤行为模式的分析,这两组街道的居民在通勤早、晚高峰时段的公共交通需求旺盛,但是距离一般不超过 8km。针对以上特点,公共交通管理部门可以在早、晚通勤高峰时段,增加普通公共交通的班次或设立短途区间公共交通设施,满足居民高频短途通勤的需求。

低频长途通勤行为模式中,居民的通勤距离长且通勤数量低,例如,GJZ 街道至 HSJ 街道,LS 街道至 PA 街道。GJZ 街道是工业集中的地区,同时也是金融中心和东部的交通枢纽。HSJ 街道与 PA 街道都是常住人口相对密集的地方,也是交通枢纽。基于本章对城市居民群体通勤行为模式的分析,这两组街道的居民在通勤早、晚高峰时段的公共交通需求不高,而且通勤距离一般超过 8km 甚至 15km,针对这些特点,公共交通管理部门可以在早、晚通勤高峰时段,设立临时线路和班次,亦可以由多家工厂和企业联合向公共交通管理部门申请专项班车,满足居民低频长途通勤的交通需求。

低频短途通勤行为模式中,居民的通勤距离小且通勤数量低,例如,ZSZ 街道至 HQ 街道,GL 街道至 QN 街道。基于本章对城市居民群体通勤行为模式的分析,这些工作区与居住区之间距离短而且公共交通方便,居民出行时选择出租车交通方式的比例低,导致出租车收集的此类通勤行为的数据样本偏少。

综上所述,本章所挖掘的高频短途通勤行为模式和高频长途通勤行为模式可为公共交通管理部门车辆调度和路线制定提供参考,如在通勤早、晚高峰提升公共交通运载容量。

本章小结

本章以城市居民的群体通勤行为模式为例,研究了移动情境感知环境下的群体用户行为模式挖掘问题。从出租车运营数据集的起点和讫点(OD)出发,构建了基于网格热度的密度峰值聚类算法对 OD 进行空间聚类,发现城市中居民出行的热点区域,再通过居住工作指数 WRI 识别城市中居住区、中立区和工作区的 OD 集群,进而发现城市居民通勤的四种模式以及通勤行为模式与城市结构之间的关联,从时间、空间和语义角度识别了城市居民通勤行为模式。本章研究结果可为城市公共交通线路、流量优化和基础设施建设提供决策支持,有助于减少城市拥堵、提升居民利用公共交通进行通勤的效率。

尽管本章提出了一种新的分析框架和方法来挖掘通勤模式,而不需要额外的地理空间知识,但仍有一些局限性需要解决。首先,居民出行使用多种交通工具,本章在城市空间分析中只使用了出租车 GPS 轨迹数据,导致样本存在偏差,增加公交车轨迹数据,地铁轨迹数据和智能手机移动通信数据等多源数据分析城市区域功能将有助于智慧交通研究,社会公共服务与城市精细化管理;

其次,GPS 数据存在的一些缺陷,如信号衰减、数据丢失或错误,可能被带入通勤行为模式中;再次,长途通勤因费用等问题,居民很少选择出租车出行,因此,数据集中缺少长途通勤信息,导致通勤行为模式识别的阈值选择可能存在偏差;最后,本章没有考虑住宅价格、城市空间结构变化等因素对城市居民通勤带来的影响,这也是本章还需要进一步改进的地方。

第5章

移动情境感知环境下的社区用户行为模式挖掘方法

社区用户行为模式是指在现实世界或网络世界中由相同兴趣爱好者组成的联合群体所展现的活动规律与兴趣偏好。与个体用户与群体用户不同,社区用户的情境感知强调社区内用户所体现出的共同特性,而非孤立地审视每个用户的独立情境,突出用户之间的社交情境对行为模式的作用。本章从移动环境下用户社交情境与行为的关系角度出发,研究用户之间的社区划分,探究社区用户的行为规律与其社交活动之间的内在关联。挖掘用户的活动信息和活动规律,从而为开展诸如城市热点区域探测、热门旅游地点推荐以及人类移动模式的全面探索,提供坚实的理论基础与数据支持。这一过程不仅丰富了社区用户行为复杂性的理解层次,也为社会计算研究与应用开辟了新路径。

5.1 问题描述与研究框架

"物以类聚,人以群分",有共同兴趣爱好的个体在物理或虚拟空间中聚集成独特的社群,这些社群的形成,反映了用户的个性化偏好与社交关系网络[21],以旅游爱好者为例,他们通过网络社区,不仅分享个人的旅行故事,还积极参与交流,共同探索并积累宝贵的旅行经验与知识。在移动情境感知环境下,游客的行为变得有迹可循,这为海量数字轨迹和情境感知数据用于分析和刻画游客行为提供了可能,不仅可以发现游客之间的相互关系和移动轨迹等行为规律,而且可以探索隐藏在行为背后的影响机制,从而更加深刻地理解游客的行为和支持旅游活动[70],促进智慧旅游的发展。

面向社区用户的行为模式挖掘的主要思路是依据用户的移动情境的相似性,对用户进行社区划分,同一社区的用户的行为具有较高相似性,非同一社区的用户的行为的相似性较低。本章首先对用户的语义轨迹聚类问题进行描述,随后从移动情境感知的角度出发检测用户社区,为准确地描述社区用户行为模式打下基础。然后,基于社区检测建立移动情境感知的社区用户行为模式挖掘模型。在上述过程中,语义轨迹的聚类是核心问题,语义轨迹聚类应兼顾轨迹的时空相似性和语义相似性,而语义相似性包括语义轨迹的局部关系和全局关系。

在处理和分析数据时,将时间序列数据转换为网络的形式,能够显著提高其分析的效率和准确性。轨迹数据作为一种时间序列数据,通过将其转换为网络,能够较好地捕获语义轨迹数据之间的全局关系[113]。利用社区检测算法完成聚类,能够克服传统的聚类方法存在的一些缺陷。因为大多数传统聚类算法,如 K-means,高斯混合模型或基于距离(相似度)的聚类算法,在处理数据时,往往依赖于优化特定的距离函数,从而只能发现具有特定形状的簇,尤其是球形簇。然而,基于网络的社区检测算法则能够更全面地捕捉到数据之间的全局和局部关系。这种基于网络的聚类方法,其优势在于能够根据数据的特性进行自动分类,无须预先设定聚类的数量。这意味着,它不仅能够发现传统方法难以察觉的簇,而且能够识别出任意形状的簇。此外,近年来众多新兴的社区检测算法在时间复杂度上取得了显著的优化,接近线性的时间复杂度使得它们在处理语义轨迹网络时能够更加高效地发现语义轨迹社区。不同于以往的工作[173-174],本章从复杂网络的角度处理语义轨迹数据集,探讨如何度量语义轨迹之间的相似性,进而利用社区检测算法对具备多特征属性的语义轨迹数据进行聚类分析。

基于网络社区检测的语义轨迹聚类框架结构如图 5.1 所示,该框架包含四

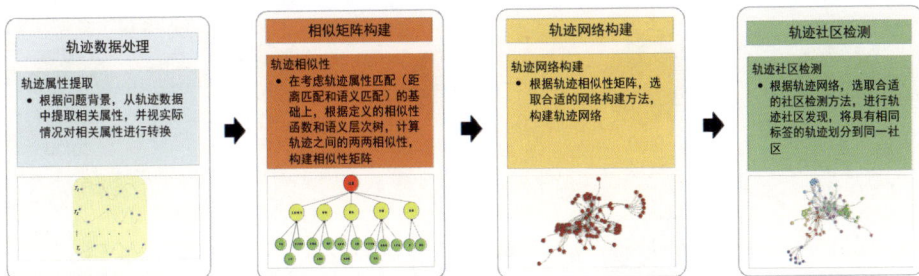

图 5.1　基于网络社区检测的语义轨迹聚类框架

个模块，分别是轨迹数据处理、相似矩阵构建、轨迹网络构建以及轨迹社区检测。轨迹数据处理属于数据处理阶段，主要进行轨迹属性提取任务，不在本章研究范围内，本章主要研究框架中后面的三个模块。

5.2　基于社区检测的语义轨迹聚类算法

本节提出了语义轨迹之间的相似性评估策略，并设计了一种融合社区检测技术的语义轨迹聚类算法。图 5.2 为语义轨迹示例，T_1 到 T_5 展示了五位用户轨迹的描述，为便于分析，此处只考虑每条轨迹中最为关键的三个维度情境属性：位置、时间和天气。

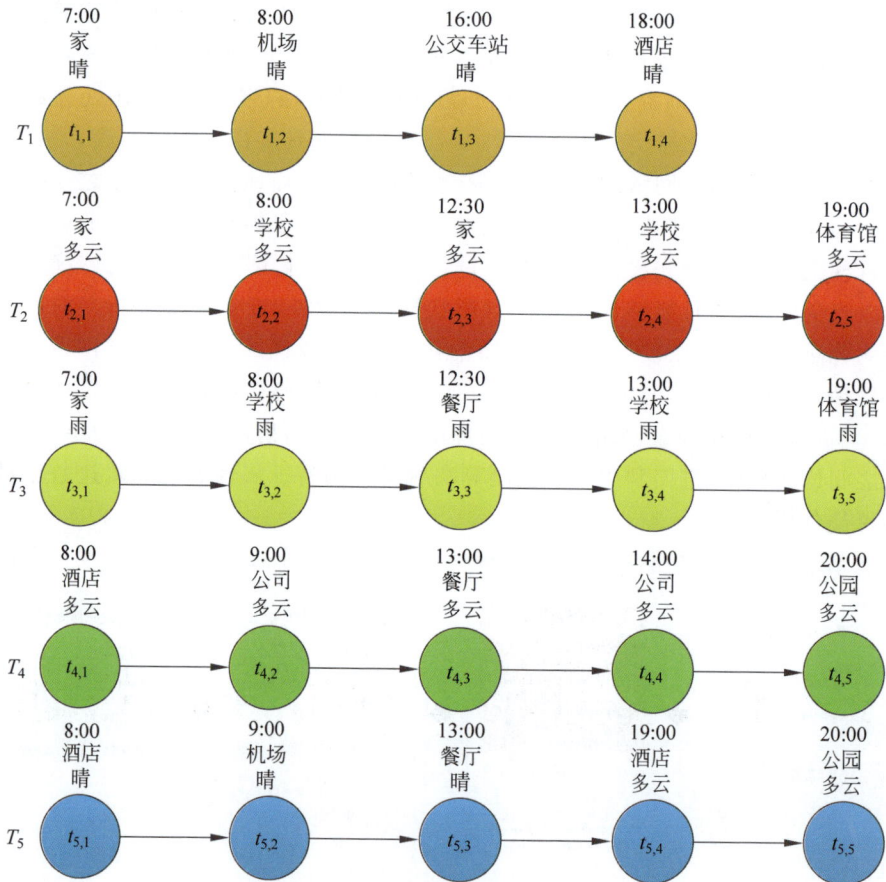

图 5.2　五条轨迹 $T_1 \sim T_5$ 的示例

以 T_1 为例,假设其为用户 Alan 在一天中的轨迹。7:00,阳光明媚,Alan 的行程始于温馨的家中。8:00,Alan 已抵达繁忙的机场,预示着一段旅程的开始。历经数小时的飞行或地面交通转换,Alan 于当日 16:00,出现在了一个公交车站,稍作停留后,于 18:00 顺利入住酒店,结束了这一天的奔波。在传统的时空轨迹相似性方法中,轨迹 T_2 和轨迹 T_3 因高度一致的地点访问序列而被视为最为相似。然而,这种评估方式忽略了地点背后更深层次的语义联系。在较高语义层次上,无论是酒店还是家,均承载着居住的功能属性,从而在某种程度上共享了相似的语义特征。此外,环境因素如天气条件,也被证实为影响移动对象行为模式及轨迹形态不可忽视的变量。因此,为了更加准确地描述轨迹之间的相似性大小,有必要引入轨迹的语义层次信息进行轨迹之间的相似性分析。接下来,将详细阐述一种创新的语义轨迹相似性度量方法,该方法旨在通过深入挖掘轨迹数据中的语义内涵,来增强相似性评估的准确性和实用性。同时,还将介绍一种基于社区检测算法的语义轨迹聚类算法,该算法能够有效地利用轨迹间的语义相似性,将具有相似行为模式或生活习性的用户群体进行聚类分析,从而为城市规划、交通管理、用户行为预测等领域提供更加科学、精细的数据支持。

5.2.1　语义轨迹的相似性度量

当前,轨迹相似性的度量方法主要有两种。一是基于移动对象的时空信息的相似性度量方法;二是基于移动对象的多属性特征的语义相似性度量方法。基于时空相似性的度量方法中具有代表性的有最长公共子序列(LCSS)方法[175]和基于序列编辑距离(EDR)的相似性方法[176],LCSS 和 EDR 的局限性在于不能准确度量多维轨迹数据的相似性,并且忽略了轨迹数据的语义信息,而轨迹数据的语义信息对于揭示轨迹之间的相似性起着重要作用。语义相似性主要表现为属性相似性,优势在于能够更好地描述运动对象的状态。Furtado 等[173]提出了多维属性相似性度量方法 MSM,用于度量语义轨迹的相似性。除了空间和时间之外,MSM 还利用了移动对象的多种属性信息。然而,MSM 没有考虑属性之间的关系,L. M. Petry 等[174]提出了一种多特征轨迹相似性度量方法 MUITAS,考虑了属性之间的语义关系,并且可以处理具有不同语义维度的轨迹数据,它支持独立属性和从属属性,每个属性都具有不同的距离函数以及代表每个属性重要性的权重。

下面,对本章用到的一些概念进行描述和定义。

定义:语义轨迹

语义轨迹 T_i 是一个样本点序列，用 $T_i = \{t_{i,1}, t_{i,2}, \cdots, t_{i,j}, \cdots, t_{i,n}\}$ 表示。n 是 T_i 的长度，$t_{i,j}(1 \leqslant j \leqslant n)$ 是样本点，可以表示为 P 维元组 $t_{i,j} = (A_1, A_2, \cdots, A_P)$，$t_{i,j}$ 可由一系列属性组成，例如时间、空间和语义情境信息。

定义：语义轨迹相似性

对于一对语义轨迹 $T_i = \{t_{i,1}, t_{i,2}, \cdots, t_{i,j}, \cdots, t_{i,n}\}$ 和 $T_k = \{t_{k,1}, t_{k,2}, \cdots, t_{k,l}, \cdots, t_{k,m}\}$，语义轨迹 T_i 和 T_k 的相似性为

$$\text{sim\_T}(T_i, T_k) = \frac{\sum\limits_{t_{i,j}} \max(\{\text{sim\_t}(t_{i,j}, t_{k,l}) \mid t_{k,l} \in T_k\}) + \sum\limits_{t_{k,l}} \max(\{\text{sim\_t}(t_{k,l}, t_{i,j}) \mid t_{i,j} \in T_i\})}{\mid T_i \mid + \mid T_k \mid}$$

$$(5.1)$$

式(5.1)是在前人工作[173-174]的基础上得到的一个通用的语义轨迹相似函数，T_i 和 T_k 的相似性由两部分组成，第一部分为 $\sum\limits_{t_{i,j}} \max(\{\text{sim\_t}(t_{i,j}, t_{k,l}) \mid t_{k,l} \in T_k\})$，对于轨迹 T_i 中的每个采样点 $t_{i,j}$，在 T_k 找到与其最相似的采样点，并进行求和运算；第二部分为 $\sum\limits_{t_{k,l}} \max(\{\text{sim\_t}(t_{k,l}, t_{i,j}) \mid t_{i,j} \in T_i\})$，对于轨迹 T_k 中的每个采样点 $t_{k,l}$，在 T_i 找到与其最相似的采样点，并进行求和运算；然后将这两部分相加，再进行归一化，即将其除以轨迹 T_i 中采样点数目 $\mid T_i \mid$ 与 T_k 中采样点数目 $\mid T_k \mid$ 之和。任意两个采样点 $t_{i,j}$ 和 $t_{k,l}$ 之间的相似性可以定义为

$$\text{sim\_t}(t_{i,j}, t_{k,l}) = w_1 \text{match}_1(A_1) + w_2 \text{match}_2(A_2) + \cdots + w_p \text{match}_p(A_p)$$

$$(5.2)$$

其中 w_p 定义了每个属性的相应权重，并且 $\sum\limits_{p=1}^{|p|} w_p = 1$。函数 match_p 可以度量一对采样点在属性 A_p 上的相似度，一般可以通过两种函数来执行此操作，一是距离匹配函数，二是语义匹配函数。接下来将描述这两个定义。

定义：距离匹配

$T_i = \{t_{i,1}, t_{i,2}, \cdots, t_{i,j}, \cdots, t_{i,n}\}$ 和 $T_k = \{t_{k,1}, t_{k,2}, \cdots, t_{k,l}, \cdots, t_{k,m}\}$ 是一对轨迹。对于任意两个采样点 $t_{i,j}$ 和 $t_{k,l}$，它们在属性 A_p 上的距离匹配函数定义为

$$\text{match}_{\text{distance}}(A_p) = \begin{cases} 1, & \text{dist}_{A_p}(t_{i,j}, t_{k,l}) \leqslant \delta_{A_p} \\ 0, & \text{其他} \end{cases}$$

$$(5.3)$$

其中 $\text{dist}_{A_p}(t_{i,j}, t_{k,l})$ 和 δ_{A_p} 分别是属性 A_p 的距离函数和距离阈值。距离函数可以是 Euclidean 函数、Dynamic time warp(DTW)函数或者 Manhattan 函

数等，δ_{A_p} 可根据具体的应用情境进行设置。

定义：语义匹配

$T_i = \{t_{i,1}, t_{i,2}, \cdots, t_{i,j}, \cdots, t_{i,n}\}$ 和 $T_k = \{t_{k,1}, t_{k,2}, \cdots, t_{k,l}, \cdots, t_{k,m}\}$ 是一对轨迹。对于任何两个样本点 $t_{i,j}$ 和 $t_{k,l}$，它们在属性 A_p 上的语义匹配函数定义为

$$\text{match}_{\text{semantic}}(A_p) = \begin{cases} 1, & \text{Category}_{A_p}(t_{i,j}) = \text{Category}_{A_p}(t_{k,l}) \\ 0, & \text{其他} \end{cases}$$

(5.4)

其中 $\text{Category}_{A_p}(\cdot)$ 是关于属性 A_p 的类别层次树函数。根据式(5.4)可以判断任何两个样本点的 A_p 属性值是否在某一层次上匹配[177]。在类别层次树某一层次上的匹配是指通过判断 A_p 的属性值是否相等，或者判断在层次树上由用户指定的某一个层次上（根节点除外）A_p 所属的类别是否一致。例如，图5.3是一个关于位置属性的类别层次树，因篇幅有限，此图仅列出了一些具有代表性的类别作为展示。此层次树中的非根节点均表示地点类别，而叶子节点类别是其对应的上一层节点类别的子集，现实世界中的一个地点可以归属于一个叶子节点类别。以快餐行业为例，图5.3中的"快餐店"类别作为中间层节点，有效地聚合了诸如肯德基、麦当劳等具体品牌的位置信息，这些品牌因其共同特性（提供快速便捷的餐饮服务）而被归类于同一类别之下。

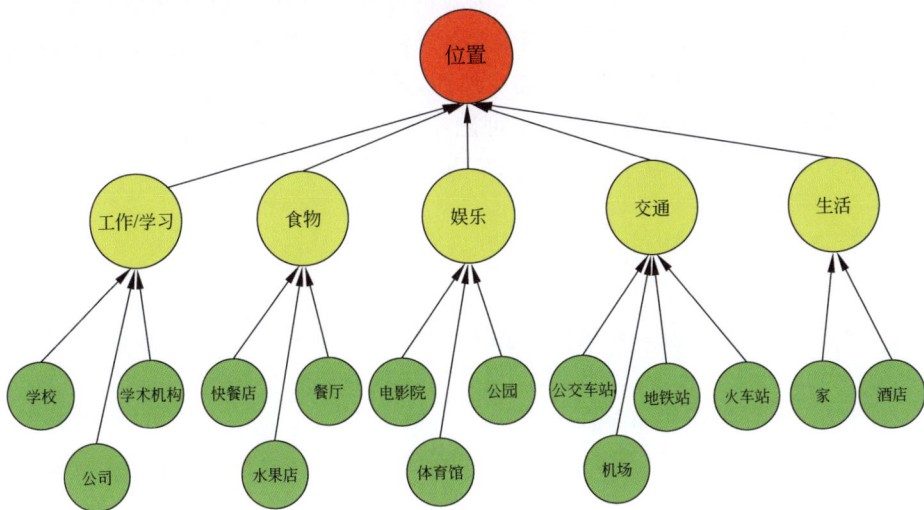

图5.3　位置类别的层次结构树

上述的语义匹配方法深受本体论领域内语义相似度评估方法的启迪。当

前,计算语义相似度的方法主要有三种,分别是基于路径的方法[178]、基于信息的方法[179]和混合方法[180-181]。最近的研究[182]表明后两种方法比第一种方法在效能与精确度上更为优越。这一发现尤其体现在诸如话题检测[183]、网络搜索[184]、在线社交网络分析[185]等应用场景中,其中基于本体的语义相似度计算方法凭借其独特优势,实现了相较于传统方法的显著提升[186]。这一成效的取得,很大程度上归功于外部知识库的广泛融入与利用,诸如维基百科和WordNet 等权威资源,它们为语义相似度的精确计算提供了丰富的上下文信息与结构化的知识框架。根据这些外部数据源可以构造如图 5.3 所示的层次结构树。层次树中的各种概念都由图的节点来表示,边表示超类、子类之间不同的分类关系。通过这样的结构,能够高效地追溯并识别出给定概念节点集合中的共同祖先节点,进而依据这些共同祖先的层级与属性,精确计算出概念间的语义相似度。

通过以上分析,可以看到许多基于时空信息的传统轨迹相似性方法都可归结于式(5.1)和式(5.2)的特定情况。此外,最近提出的一些语义轨迹相似性方法也可以视为式(5.1)和式(5.2)的扩展版本。例如,Furtado 等[173]通过考虑语义维度,提出的一种新的多维序列相似性度量方法。Petry 等[174]提出的一种基于属性之间相关性的相似性度量方法。Pan 等[187]提出的最大最小轨迹距离方法。

目前,主要有两种基于相似度矩阵构建网络的方法。第一种是 K 最近邻网络(K-NN)构造方法。该方法中将轨迹表示为节点,并将与其最相似的 K 条轨迹相连接。第二种是 ε 最近邻网络(ε-NN)构造方法,如果一对轨迹的相似性高于阈值 ε,则轨迹之间由一条边相连。然而,最近的研究[188]已经指出,ε-NN 方法对参数 ε 非常敏感,ε 值设置不当可能会导致产生的网络存在多个未连接部分。鉴于此,本章在实验中采用 K-NN 方法。

5.2.2 语义轨迹聚类

基于社区检测的语义轨迹聚类算法(Semantic Trajectory Clustering based on Community Detection,STCCD),其执行过程如算法 5.1 所示。

算法 5.1 详细描述如下。

(1) 步骤 1~7:基于式(5.3)和式(5.4)定义的距离匹配函数和语义匹配函数,计算每对语义轨迹 T_i 和 T_k 中轨迹点的相似性,再通过计算 T_i 和 T_k 中各轨迹点之间的最大相似性之和,来度量 T_i 和 T_k 之间的整体相似性,语义轨迹 T_i 和 T_k 的相似性定义如式(5.1)所示。

（2）步骤 8～9：构建相似性矩阵 S，其中，s_{ik} 为 S 中的元素，表示轨迹 T_i 和 T_k 之间的相似性。

（3）步骤 10～14：使用 K-NN 方法，基于相似度矩阵 S 构造轨迹网络 G。首先，构造一个有 N 个节点和零条边的网络 G，对于图 G 中的每个节点 v_{T_i}，基于相似性矩阵 S，选择与节点 v_{T_i} 最相似的 K 个节点，将 v_{T_i} 与这些节点之间添加一条边。最终构建一个具有 N 个节点的轨迹网络 G，G 中节点代表语义轨迹，边代表具有较高相似性的轨迹之间的关系。

（4）步骤 15～16：在构建的轨迹网络 G 上，应用社区检测算法，发现轨迹分区。

接下来，讨论一下算法 5.1 的时间复杂度。其时间复杂度可以视为各步骤的时间复杂度之和。考虑具有 N 条轨迹的数据集，并且它们的平均长度是 l。基于每对轨迹的相似度计算而构建网络所需的总时间复杂度 $O(N^2 l)$，而社区检测的时间复杂度在于选择不同的算法。

算法 5.1：基于社区检测的语义轨迹聚类算法（STCCD）

输入：语义轨迹集 $T=\{T_1, T_2, \cdots, T_N\}$，$T_i$ 为集合 T 中的元素，N 为 T 中轨迹的条数

输出：语义轨迹簇集 $C=\{C_1, C_2, \cdots, C_Z\}$，$Z$ 为轨迹簇的数目

1：/ * 计算每对语义轨迹的相似性 * /

2：for all $T_i, T_k \in T$ do

3：　　for all $t_{i,j} \in T_i$，$t_{k,l} \in T_k$ do

4：　　　　compute the semantic similarity sim_t($t_{i,j}, t_{k,l}$) between $t_{i,j}$ and $t_{k,l}$ based on the distance match function and semantic match function

5：　　end for

6：　　compute the trajectory similarity sim_T(T_i, T_k) based on the sum of the max similarities for all the sampling points in T_i and T_k

7：end for

8：/ * 构建相似性矩阵 * /

9：Store all the similarity values between semantic trajectories in T into a matrix S

10：/ * 根据相似度矩阵构建 K-NN 轨迹网络 * /

11：Construct a network graph G with N points and zero edge，n is the number of T

12：for each point v_{T_i} in G do

13：　　choose the most similar K trajectories of v_{T_i} based on S，and add K edges between v_{T_i} and them

14：end for

15：/ * 在构建的轨迹网络上执行社区检测算法 * /

16：Apply a community detection algorithm on G to get semantic trajectory clusters $C=\{C_1, C_2, \cdots, C_j, \cdots, C_Z\}$

表 5.1 中列出了一些广泛使用的社区检测算法的时间复杂度,这些方法将在后面的实验中使用。最近的研究表明[189],在划分社交网络数据时,Infomap 算法展现出了卓越的社区发现效果,其划分结果展现出高度的稳定性。Infomap 算法巧妙地将社区检测与信息论中的编码原理相融合,将网络社区结构的划分问题转化为求解随机路径期望编码长度的问题,期望编码长度越短,社区划分效果越好。因此,在轨迹网络进行划分时,本章首先采用 Infomap 算法,并与其他社区检测算法进行了对比实验,以检验它们在轨迹网络上的社区划分效果,找出最适合轨迹网络划分的社区检测算法。

表 5.1　几种社区检测算法的时间复杂度

社区检测算法	时间复杂度
Fastgreedy	$O(N\log^2(N))$
Walktrap	$O(N^2\log(N))$
Label Propagation	$O(E)$
Louvain	$O(N\log(N))$
Infomap	$O(E)$

综上所述,可以看到,大多数社区发现方法通常低于构建网络所需的时间复杂度。例如,标签传播算法(Label Propagation)[190] 和 Infomap 算法[191] 甚至具有线性时间复杂度。因此,算法 STCCD 的时间复杂度为 $O(N^2l)$。

5.3　实验及结果分析

5.3.1　评估方法

本章采用轮廓系数[163],Baker-Hubert Gamma 指数[192] 和 Hubert&Levin C 指数[193] 评估所提出算法的性能,另外,这些指标还将应用于 5.3.3 节中不同聚类方法的比较。

(1)轮廓系数最初由 Peter J. Rousseeuw 提出,广泛应用于评估聚类算法的性能[194-195]。该系数综合了内聚度和分离度两种因素,可用于衡量聚类算法的性能。轮廓系数取值在 −1 和 1 之间,较高的轮廓系数值预示着更优的聚类结果。

(2)Baker-Hubert Gamma 指数是 Goodman&Kruskal Gamma 统计量[193] 的一个优化版本。它是根据簇中各点之间与其他簇内点相似性的对比来衡量紧密度的指标,此指数的上限为 1,其值越接近该上限,表明聚类结构的紧密度越高。

（3）Hubert&Levin C 指数考虑了每个簇内点对之间的距离。该指数通过计算在给定簇内近邻数量条件下，簇内实际密度与理论最大密度的相对接近程度，来评估聚类效果。Hubert&Levin C 指数取值在 0 到 1 之间变化，较低的指数值通常指示着更优的聚类性能，即簇内点更为紧密地聚集。

5.3.2　数值算例

本节展示了一个图 5.2 中的五个轨迹的运行示例。根据算法 5.1，第一步为构造相似度矩阵。本章设计了一个基于文献[175]的扩展版本来计算两个轨迹之间的相似性。文献[174]的一个弱点在于它只在两个语义属性完全相同时才认为两条轨迹之间存在相似性，如果用户需要从较高层次类别考虑轨迹相似性，则该方法将不能满足用户的实际应用需求，本书使用式（5.4）定义的语义匹配函数的概念。例如，在图 5.3 中，$t_{1,1}$（位置）=家，而 $t_{5,1}$（位置）=酒店，此时，它们语义不同，不存在相似性。但是，如果从较高层次考虑，因为它们都属于生活的地方，二者之间存在相似性。

根据算法 5.1，首先，计算语义轨迹的相似性并构建相似性矩阵。在此示例中，对时间属性采用 Euclidean 距离函数，其阈值设为 1 小时，对位置和天气属性采用语义匹配函数。各参数设置如下：$w_1 = 0.4, w_2 = 0.3, w_3 = 0.3$。轨迹之间的相似性采用本书改进的 MUITAS 方法来度量，即考虑了位置和时间属性的层次关系。对于位置属性，本章采用图 5.3 所示的位置类别的层次树；对于时间属性，本章将其划分成时段，从而得到时间属性的层次关系（6:00—12:00 为上午，12:00—18:00 为下午，18:00—06:00 为晚间时段）。

在图 5.2 中的轨迹数据集中，各采样点的每个属性都被视为一个特征，构建的相似度矩阵在表 5.2 中给出，矩阵中的每个元素表示两个轨迹之间的相似度。

表 5.2　图 5.2 中的轨迹数据集的相似度矩阵（低层类别的位置和时间属性）

相似性	T_1	T_2	T_3	T_4	T_5
T_1	1.000 0	0.311 1	0.266 7	0.066 7	0.355 6
T_2	0.311 1	1.000 0	0.630 0	0.420 0	0.270 0
T_3	0.266 7	0.630 0	1.000 0	0.170 0	0.170 0
T_4	0.066 7	0.420 0	0.170 0	1.000 0	0.640 0
T_5	0.355 6	0.270 0	0.170 0	0.640 0	1.000 0

表 5.3 中给出了从较高层次考虑空间和时间属性的相似性矩阵。可以看

出,相对于表5.2,表5.3 中的一些轨迹之间的相似度的值变得更高。

图5.2 中数据集在不同语义层次上获得的轨迹相似性热图如图5.4(a)和图5.4(b)所示。五条轨迹对应于表5.2 和表5.3 的相似性。图中每个小正方形的颜色表示两条轨迹之间的相似程度,蓝色表示相似性较低,红色表示相似性较高,具体值由图右侧的渐变条表示,轨迹相似矩阵是根据相似程度采用层次聚类法重新排序的。

表5.3 图5.2 中的轨迹数据集的相似度矩阵(高层类别的位置和时间属性)

相似性	T_1	T_2	T_3	T_4	T_5
T_1	1.000 0	0.311 1	0.266 7	0.266 7	0.677 8
T_2	0.311 1	1.000 0	0.630 0	0.930 0	0.600 0
T_3	0.266 7	0.630 0	1.000 0	0.700 0	0.550 0
T_4	0.266 7	0.930 0	0.700 0	1.000 0	0.640 0
T_5	0.677 8	0.600 0	0.550 0	0.640 0	1.000 0

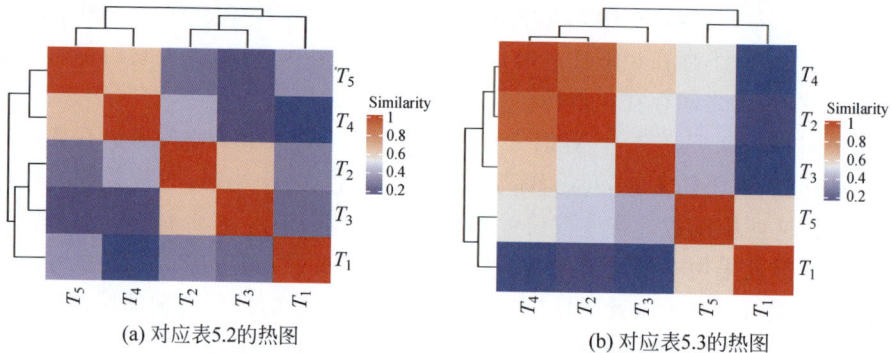

(a) 对应表5.2的热图　　(b) 对应表5.3的热图

图5.4 图5.2 数据集在不同语义层次上的轨迹相似性热图

可以根据需要选择不同的语义层次来度量语义轨迹之间的相似性,进而构建相似度矩阵。以表5.2 和表5.3 中不同语义层次所得的相似性矩阵为基础,采用基于 K-NN 方法($K=1$)构建语义轨迹网络后,在该网络上利用 Infomap 社区检测算法,得到的轨迹分区分别如图5.5(a)和图5.5(b)所示。

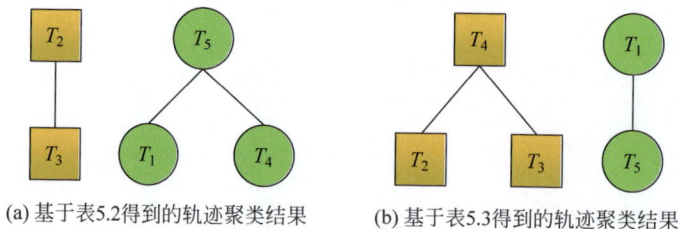

(a) 基于表5.2得到的轨迹聚类结果　　(b) 基于表5.3得到的轨迹聚类结果

图5.5 图5.2 示例轨迹在不同语义层次上的聚类结果

在图 5.5(a)中,一共有两个轨迹分区,轨迹 T_2 和 T_3 在黄色方形分区中,轨迹 T_1、T_4 和 T_5 在绿色圆形分区中。在图 5.5(b)中,一共有两个轨迹分区,轨迹 T_2、T_3 和 T_4 在黄色方形分区中,轨迹 T_1 和 T_5 在绿色圆形分区中。同时,利用 5.3.1 节介绍的轮廓系数对轨迹划分结果进行评估。对于图 5.5(a)和图 5.5(b)的轨迹聚类结果,其轮廓系数值分别为 0.26 和 0.49。

由上可知,如果从高层类别的位置和时间属性考虑,轨迹之间的相似性发生了变化,导致轨迹聚类结果也存在差异,虽然图 5.5(a)和图 5.5(b)都划分为两个分区,但图 5.5(b)的聚类结果具有较高的轮廓系数值,从而说明其轨迹聚类结果较为合理。当然,用户可以根据自己的需求,从不同的语义层级类别来度量轨迹之间的相似性,进而得到期望的聚类结果。

5.3.3　真实数据集实验

将本章所构建的算法应用于两个真实的语义轨迹数据集。一个数据集是纽约市的 Foursquare 签到数据集[174],该数据集于 2012 年 11 月至 2013 年 2 月期间收集。本章使用了用户 ID 范围在 126 到 947 的 104 名用户签到轨迹,具有 1749 个轨迹点,其中,轨迹 ID 不连续。此外,为了方便比较每个采样点的时间属性的相似性,本章将其转换为时间段属性(6:00—12:00 为上午,12:00—18:00 为下午,18:00—06:00 为晚间时段)。Foursquare 数据集中重要属性及其数值范围如表 5.4 所示,包括纬度(Latitude)、经度(Longitude)、时段(Time_Period)、星期(Day)、街道(Venue)和天气(Weather)。第二个数据集是 Yahoo! Flickr Creative Commons 100M(YFCC100M)数据集[196],该数据集是用户及其对各种兴趣点(POI)的访问数据[197],本章使用了其中用户访问大阪市(Osaka)的各种兴趣点(POI)的数据集,包括 450 名用户的 7747 个轨迹点,将时间戳转换为了星期(Day)和时间(Time),使用的属性如表 5.5 所示。

表 5.4　Foursquare 数据集中使用的属性

属　　性	属性值的范围
Latitude	[40.5672,40.9558]
Longitude	[−74.2245,−73.7092]
Time_Period	{Morning,Afternoon,Night}
Day	{Monday,Tuesday,Wednesday,Thursday,Friday,Saturday,Sunday}
Venue	{Residence,Travel & Transport,Food,Shop & Service,Professional & Other Places}
Weather	{Clear,Clouds,Rain,Fog}

表 5.5　Osaka 数据集中使用的属性

属　　性	属性值的范围
POI ID	$[1,29]$
POI Theme	$\{Entertainment, Park, Amusement, Historical\}$
POI Freq	$[2,1307]$
Day	$\{Monday, Tuesday, Wednesday, Thursday, Friday, Saturday, Sunday\}$
Time	$[0,24]$

本节研究了不同条件对语义轨迹聚类的影响。首先,探讨不同相似性度量函数和语义层次对语义轨迹聚类的影响;其次,对于轨迹聚类,验证一些代表性的社区检测算法和目前广泛使用的传统聚类算法;再次,研究网络构造参数 K 对轨迹网络上的聚类效果的影响。最后,对社区检测算法与其他聚类算法的运行时间以及轨迹聚类效果进行了对比分析。

(1) 相似性度量方法对比。

为了验证本章所构建算法的合理性和有效性,本节将利用基于距离匹配的相似性度量方法 EDR[176] 和 LCSS[175],基于语义匹配的相似性度量方法 MSM[173] 和 MUITAS[174],并结合不同聚类算法来研究各个算法的轨迹聚类效果。

在 Foursquare 数据集中,与其他属性相比,位置属性类别更为重要。因此,可以在计算轨迹之间的语义相似度时赋予它更多的权重值。对于 EDR、LCSS 和 MSM 三种方法,表 5.4 中列出的属性 Time_Period、Day、Venue 和 Weather 对应的权重值分别为 0.05、0.1、0.8 和 0.05。对于 MUITAS 方法,Day 和 Weather 属性被视为特征,Time_Period 和 Venue 的权重值是 0.1 和 0.8,Weather 的权重值是 0.1。在 Osaka 数据集中,对于 EDR、LCSS 和 MSM 三种方法,表 5.5 中列出的 POI Theme(地点主题属性)的权重值是 0.6,POI ID(地点编号)、POI Freq(地点访问频率)、Day 和 Time 属性的权重值设置为 0.1。对于 MUITAS 方法,属性 POI ID,POI Theme 和 POI Freq 被视为一个特征,Day 和 Time 属性被视为另一个特征,两个特征的权重值分别是 0.8 和 0.2。此外,对于具有语义信息的属性使用语义匹配函数,对于具有数值的属性使用距离匹配函数。采用 Euclidean 函数作为属性 POI Freq 的距离函数,并且在该实验中将其阈值设置为 50。

本节以 MSM 和 MUITAS 为例,分别展示了 Foursquare 和 Osaka 数据集上不同语义层次上所得的轨迹相似性热度图,如图 5.6 和图 5.7 所示。热度图是数据的一种图形表示方式,本章用其表示轨迹之间的相似性。对于 Foursquare 数据集,其低层次的位置属性采用经纬度,高层次的位置属性采用街道。

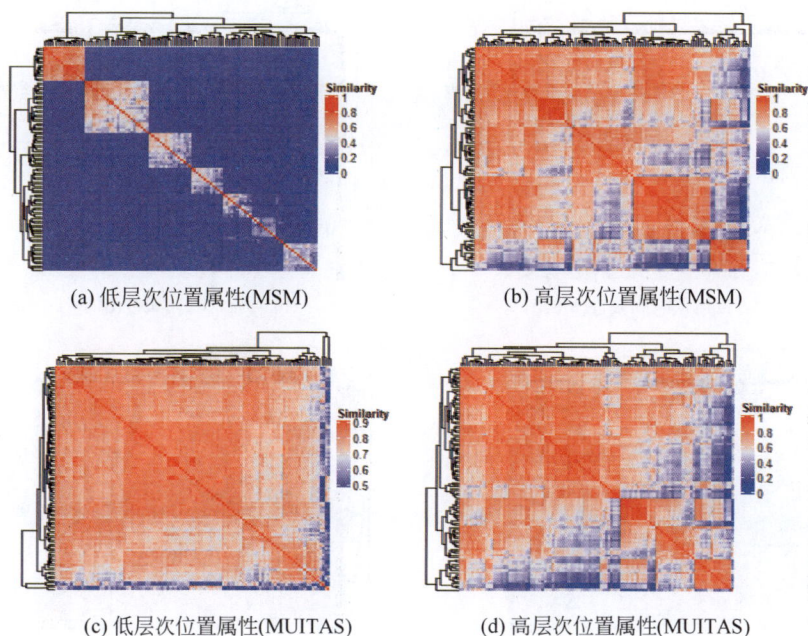

(a) 低层次位置属性(MSM)

(b) 高层次位置属性(MSM)

(c) 低层次位置属性(MUITAS)

(d) 高层次位置属性(MUITAS)

图 5.6　Foursquare 数据集上不同语义层次的轨迹相似性热度图

图 5.6 展示了 Foursquare 数据集上基于语义位置层次的热度图,低层次位置属性为经纬度,高层次位置属性为街道。对于低层次位置属性,本章采用经纬度,并利用球面半正矢公式(haversine 函数)来计算每条轨迹采样点之间的空间距离。在判断轨迹采样点之间的相似性时,阈值设置为 10m,即如果两个采样点之间的距离小于或等于 10m,则认为它们之间存在相似性。

通过图 5.6 可以看到,不同层次所得的轨迹之间相似性的差异较为明显。以图 5.6(a)和图 5.6(b)中的 MSM 方法为例,图 5.6(a)中每对轨迹之间的语义相似度值与图 5.6(b)中的值差异明显。另外,高语义水平的区分度与低语义水平的区分度相比是明显不同的。这意味着可以根据需要从不同的语义级别测量语义轨迹的相似性。从图 5.6 中还可以看出,与低语义水平的判别力相比,高语义水平的语义轨迹相似度的判别力更为明显。

图 5.7 展示了 Osaka 数据集上基于语义时间层次的热度图,通过将时间属性转换为时段属性(转换规则同 Foursquare 数据集),从而构建了基于时间属性的语义层次,低层次时间属性为时间点(Time_Point),高层次时间属性为时段(Time_Period)。

通过图 5.7 可以发现,对于 Osaka 数据集,由于时间属性在轨迹语义属性中所占权重较小,不同相似性方法中,低层次和高层次之间的相似度矩阵差异

(a) 低层次时间属性(MSM)

(b) 高层次时间属性(MSM)

(c) 低层次时间属性(MUITAS)

(d) 高层次时间属性(MUITAS)

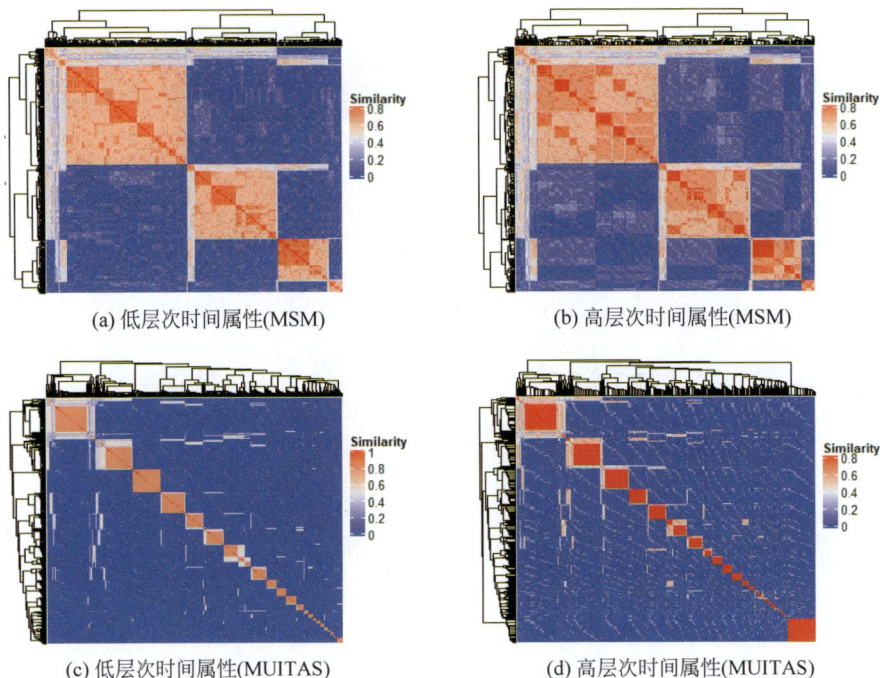

图 5.7　Osaka 数据集上不同语义层次的轨迹相似性热度图

较小,但高层次轨迹之间的相似度区分相对于底层次,也较为明显。接下来,本章将以较高语义层次为例,来研究不同轨迹聚类方法的语义轨迹聚类效果。

另外,本节还对于两种相似性方法 MSM 和 MUITAS 在不同语义层次上的相似度矩阵的聚类效果进行了比较,结果如图 5.8 所示。

通过图 5.8 可以看到,在不同语义层次上,MUITAS 方法的效果优于MSM 方法。对于大多数轨迹聚类算法,在较高语义层次上的聚类效果优于较低语义层次。同时,对于不同语义层次和不同的轨迹聚类方法,基于 Infomap社区检测的聚类方法,总体上来说,效果较好。

表 5.6 和表 5.7 分别为 Foursquare 和 Osaka 数据集上,采用不同相似性度量(EDR,LCSS,MSM,MUITAS)方法,并结合不同聚类算法对较高语义层次上所获得的聚类结果采用三种评估方法(轮廓系数、Baker-Hubert Gamma 指数和 Hubert & Levin C 指数)进行对比分析,聚类算法包括 K-medoids 和凝聚聚类(Agglomerative)两种传统聚类算法、交叉聚类算法(CrossClustering)[195]、密度峰值聚类算法(DensityPeak)[157] 以及社区检测算法 Infomap。

表 5.6 和表 5.7 的结果表明,MUITAS 方法相对于 EDR 和 LCSS 方法,由于其考虑了轨迹的语义信息,效果上优于上述两种方法。同时,MUITAS 方法

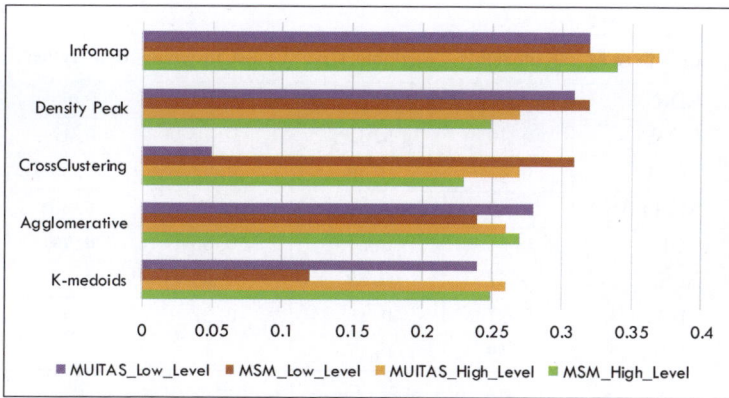

(a) FourSquare数据集

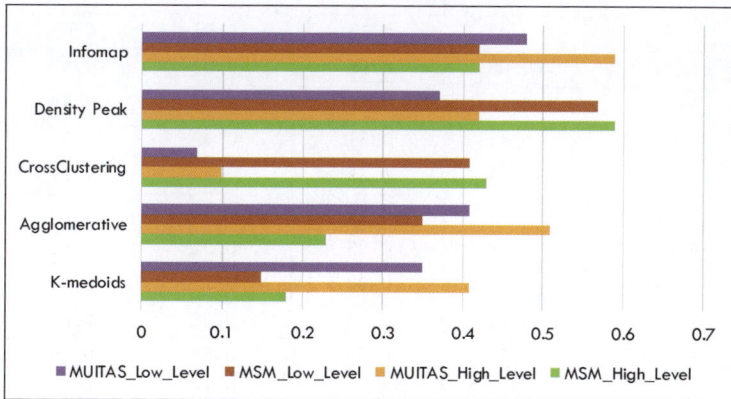

(b) Osaka数据集

图 5.8　不同语义层次和相似性方法下各轨迹聚类算法的效果对比

相对于 MSM 方法,又考虑了语义轨迹属性之间的相关关系,因此总体上表现优于 MSM 方法。另外,通过表 5.6 和表 5.7 还可以发现,Infomap 算法在所有相似性度量方法中都取得了较好结果,轮廓系数高于其他轨迹聚类算法,从而证明了其在轨迹社区划分方面具有较好的效果[189]。

表 5.6　Foursquare 数据集五种相似性方法的不同评价指标对比

评估方法	相似性度量	K-medoids	Agglomerative	CrossClustering	DensityPeak	Infomap
轮廓系数	EDR	0.00	0.02	0.02	0.02	**0.04**
	LCSS	0.03	0.03	0.03	0.04	**0.05**
	MSM	0.25	0.27	0.23	0.25	**0.34**
	MUITAS	0.26	0.26	0.27	0.27	**0.37**

续表

评估方法	相似性度量	K-medoids	Agglomerative	CrossClustering	DensityPeak	Infomap
Baker- Hubert Gamma 指数	EDR	0.07	0.20	0.50	0.63	**0.67**
	LCSS	0.40	0.32	0.40	0.47	**0.66**
	MSM	0.62	0.69	0.57	0.33	**0.76**
	MUITAS	0.63	0.66	0.65	0.38	**0.76**
Hubert & Levin C 指数	EDR	0.81	0.81	0.86	**0.79**	0.80
	LCSS	0.67	0.69	0.60	0.66	**0.59**
	MSM	0.21	0.16	0.22	0.41	**0.15**
	MUITAS	0.19	0.17	0.17	0.41	**0.15**

表 5.7　Osaka 数据集五种相似性方法的不同评价指标对比

评估方法	相似性度量	K-medoids	Agglomerative	CrossClustering	DensityPeak	Infomap
轮廓系数	EDR	0.02	**0.14**	0.01	0.08	0.02
	LCSS	0.08	**0.08**	0.00	0.07	**0.08**
	MSM	0.18	0.23	0.43	**0.59**	0.42
	MUITAS	0.41	0.51	0.45	0.42	**0.59**
Baker- Hubert Gamma 指数	EDR	0.51	0.68	—	**0.71**	0.30
	LCSS	0.55	0.56	—	0.56	**0.57**
	MSM	0.80	0.93	0.92	0.82	**0.96**
	MUITAS	0.87	0.92	0.77	0.92	**1.00**
Hubert & Levin C 指数	EDR	**0.62**	0.63	0.68	**0.62**	**0.62**
	LCSS	0.61	0.63	**0.59**	**0.59**	0.61
	MSM	0.21	0.15	**0.10**	0.13	**0.10**
	MUITAS	0.45	0.10	0.54	0.39	**0.09**

从表 5.6 和表 5.7 还可以看到,在这两个数据集中,对于不同的聚类方法, EDR 和 LCSS,与 MSM 和 MUITAS 相比,结果较差。这是因为这两种方法只有当所有属性值都匹配时,才认为两个轨迹点之间存在相似性,这对于度量具有多属性的语义轨迹相似性来说过于严格。MSM 放宽了 EDR 和 LCSS 中的限制,并且认为当轨迹的两个采样点至少存在一个属性匹配时,采样点之间即存在一定的相似性。与 MSM 不同,MUITAS 考虑属性及其语义之间的相关性。因此,MUITAS 可以较为准确和合理地度量不同语义轨迹之间的相似性,使其更接近于现实世界中的实际情况。

以 MUITAS 为例,图 5.9 给出了每个聚类方法在高语义层次上的聚类大小分布。下面以较高语义层次为例,对各种社区检测算法,网络构造参数以及算法运行时间与语义轨迹聚类效果之间的关系进行了深入研究。

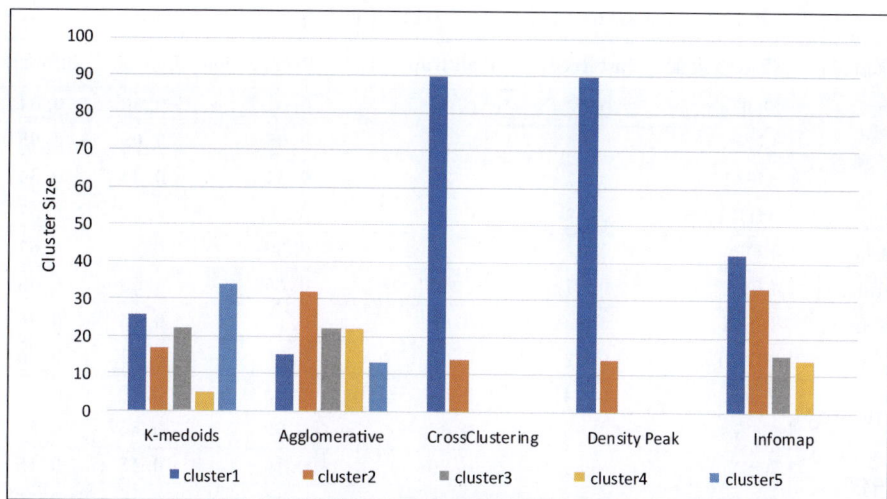

(a) FourSquare数据集

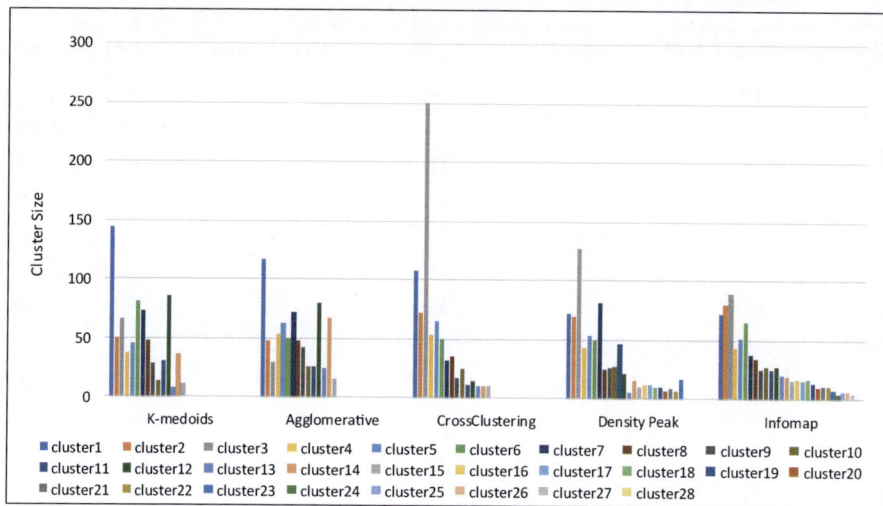

(b) Osaka数据集

图 5.9　高语义层次上不同聚类方法的聚类规模分布

（2）各种社区检测算法的轨迹聚类效果对比。

本节采用较为典型的几种社区检测算法（Fastgreedy[198]，Walktrap[199]，Label Propagation[190]，Louvain[200]，Infomap[191]），并结合不同相似性度量方法进行轨迹聚类，表 5.8 和表 5.9 分别是 Foursquare 和 Osaka 数据集上较高语义层次上轨迹聚类的三种评估方法结果比较。

表 5.8　Foursquare 数据集上各种社区检测算法的评价指标对比

评估方法	相似性度量	Fastgreedy	Walktrap	Label Propagation	Louvain	Infomap
轮廓系数	EDR	0.02	0.02	0.01	0.02	**0.04**
	LCSS	0.04	0.04	**0.05**	**0.05**	**0.05**
	MSM	0.27	0.33	**0.34**	**0.34**	**0.34**
	MUITAS	0.29	0.36	0.36	0.32	**0.37**
Baker-Hubert Gamma 指数	EDR	0.47	0.44	0.30	0.50	**0.67**
	LCSS	0.51	0.47	**0.66**	0.53	**0.66**
	MSM	0.63	0.68	0.75	**0.76**	**0.76**
	MUITAS	0.62	0.68	0.75	0.71	**0.76**
Hubert & Levin C 指数	EDR	**0.74**	**0.74**	0.79	0.80	0.80
	LCSS	0.65	0.67	0.59	0.65	**0.59**
	MSM	0.21	0.20	0.16	**0.15**	**0.15**
	MUITAS	0.21	0.19	0.16	0.16	**0.15**

表 5.9　Osaka 数据集上各种社区检测算法的评价指标对比

评估方法	相似性度量	Fastgreedy	Walktrap	Label Propagation	Louvain	Infomap
轮廓系数	EDR	0.02	**0.04**	0.02	**0.04**	0.02
	LCSS	0.04	0.00	—	**0.08**	**0.08**
	MSM	0.28	**0.42**	0.32	0.40	**0.42**
	MUITAS	0.44	0.52	0.57	0.50	**0.59**
Baker-Hubert Gamma 指数	EDR	**0.64**	0.30	0.20	0.62	0.30
	LCSS	0.76	0.55	0.50	**0.80**	0.57
	MSM	0.91	0.94	0.95	0.92	**0.96**
	MUITAS	0.82	0.85	0.98	0.94	**1.00**
Hubert & Levin C 指数	EDR	0.68	0.65	**0.62**	0.65	**0.62**
	LCSS	0.62	0.65	**0.61**	0.63	**0.61**
	MSM	0.13	0.11	0.11	0.12	**0.10**
	MUITAS	0.50	0.46	0.23	0.33	**0.09**

在构建两个轨迹网络的过程中，K 设为 15。实验结果表明 MUITAS 和 MSM 可以更好地度量语义轨迹之间的相似性，从而得到较高的轮廓系数值。

从表 5.8 和表 5.9 可以看出，与传统的聚类算法相比，社区检测算法在大多数情况下都可以获得较好的聚类效果。这是因为传统方法只考虑轨迹之间的局部关系，而忽略了不同轨迹之间的全局关系。然而，通过将语义轨迹数据转换为复杂网络，不仅可以获得轨迹之间的局部信息，还可以获得全局信息来表征任何轨迹组之间的关系。

（3）网络构造参数 K 的影响。

此外，本章还研究了网络构造参数 K 对不同社区检测算法的影响。以 MUITAS 方法为例，图 5.10 和图 5.11 列出了 Foursquare 和 Osaka 轨迹网络中，不同 K 值下的 Infomap 算法的语义轨迹划分效果。

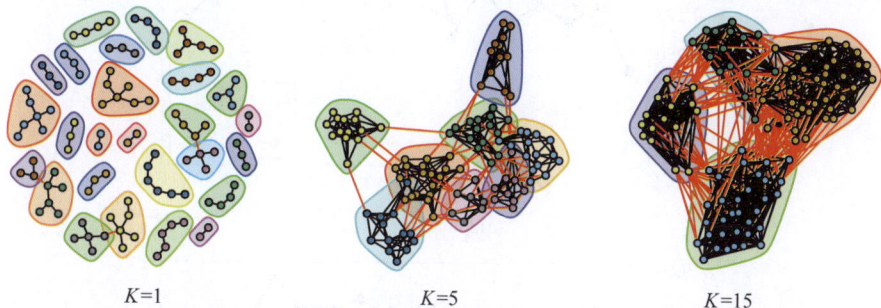

$K=1$　　　　　$K=5$　　　　　$K=15$

图 5.10　Foursquare 轨迹网络中 Infomap 算法的语义轨迹聚类效果

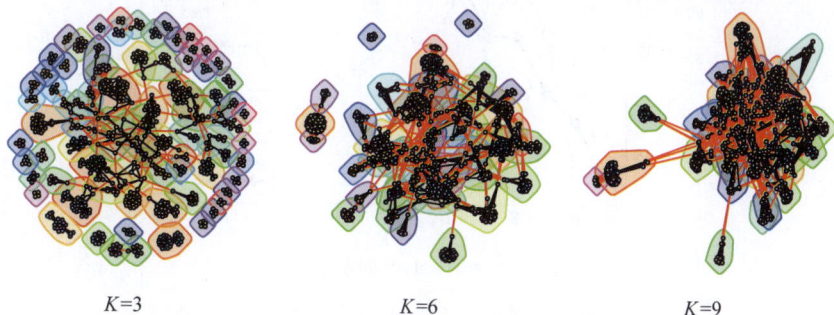

$K=3$　　　　　$K=6$　　　　　$K=9$

图 5.11　Osaka 轨迹网络中 Infomap 算法的语义轨迹聚类效果

从图 5.10 和图 5.11 可以看出，当 K 非常小时，将产生不连接的网络，从而不能揭示不同轨迹之间的全局关系，导致轮廓系数值较低，这一点也可以从图 5.5 中得到验证。当 K 增加时，网络中未连接的部分将减少。例如，在图 5.10 中，当 $K=1$ 时，网络中有多个不连接的社区；当 $K=5$ 时，共有八个轨迹社区划分；当 $K=15$ 时，有四个社区划分。当 K 继续增加并且足够高时，所有成对的轨迹之间都有边连接，从而导致仅具有一个社区的完全连接的网络。因此，需要根据轨迹数据集设置适当的 K 值。

图 5.12 显示了网络构造参数 K 对不同社区检测算法在轨迹聚类效果方面的影响，可以发现，当 $K=15$ 时，与其他社区检测算法相比，Infomap 算法在语义轨迹聚类效果方面更好。

(a) Foursquare数据集

(b) Osaka数据集

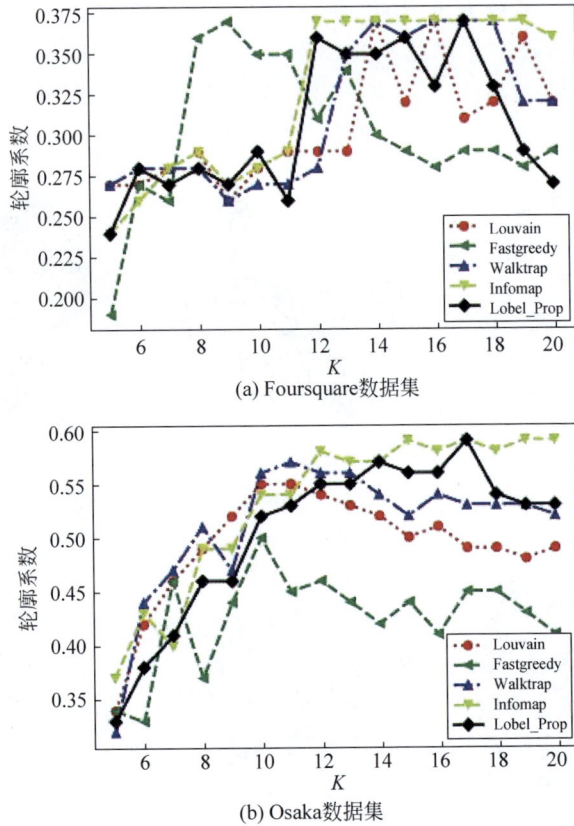

图 5.12   网络构造参数 K 对不同社区检测算法的影响

（4）各算法的运行时间与聚类效果的比较。

在这一部分中，以轮廓系数作为评估指标，对每种算法的运行时间和聚类效果进行了对比与分析。由于 EDR 和 LCSS 相似性方法在语义轨迹聚类方面展现出的局限性，接下来对基于 MSM 和 MUITAS 方法的各轨迹聚类算法的运行时间与聚类效果进行了研究和分析。图 5.13 与图 5.14 分别展示了两个数据集上，采用各算法运行时间与其聚类效果的比较。

在图 5.13 和图 5.14 中，直方图为各算法的运行时间，在每幅图的左边，以纵坐标显示运行时间值的大小；折线图为各算法对应的轮廓系数值的大小，在每幅图的右边，以纵坐标显示轮廓系数值的大小。

由图 5.13 和图 5.14 可知，总体来说，采用社区检测算法来进行语义轨迹发现，能够从网络视角捕捉轨迹之间的全局和局部的关系，得到较高的轮廓系数值（较好的聚类效果）。另外，在上述各种基于社区检测的方法中，相对于其

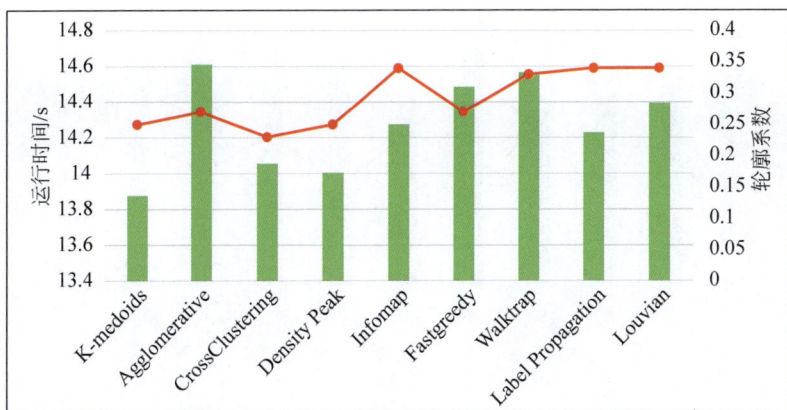

(a) 基于MSM的各算法比较

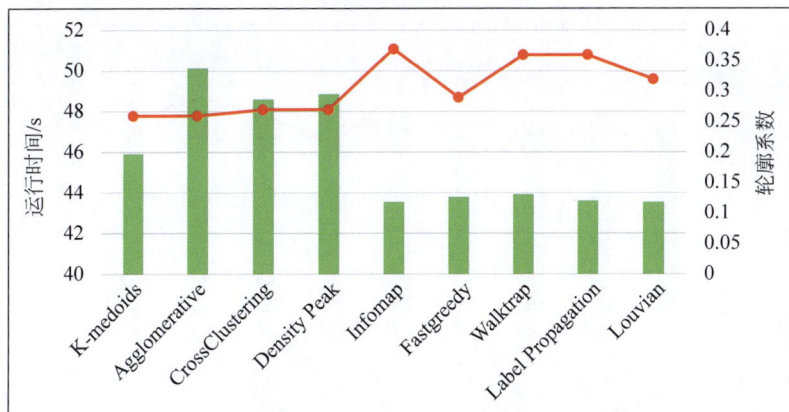

(b) 基于MUITAS的各算法比较

图 5.13　FourSquare 数据集上各算法的比较

他方法而言,Infomap 算法大多数情况下展现出了更为优越的语义轨迹聚类效果,同时,算法运行所需的时间较少。

由于 STCCD 是基于语义相似度建立的网络,因此语义相似度计算中的错误将导致错误的语义轨迹划分。错误可能来自两方面。第一个可能来自数据集本身,例如,信息丢失或某些数据值的错误。为此,在使用数据集之前应该进行数据预处理。在数据预处理领域,已经出现许多可以利用的新技术[201-203]。第二个可能来自用于获取语义相似性的外部数据源或背景知识,例如,维基百科,WordNet 等,因此,在使用它们来计算轨迹之间的语义相似度之前,有必要检查这些知识及其内在关系。

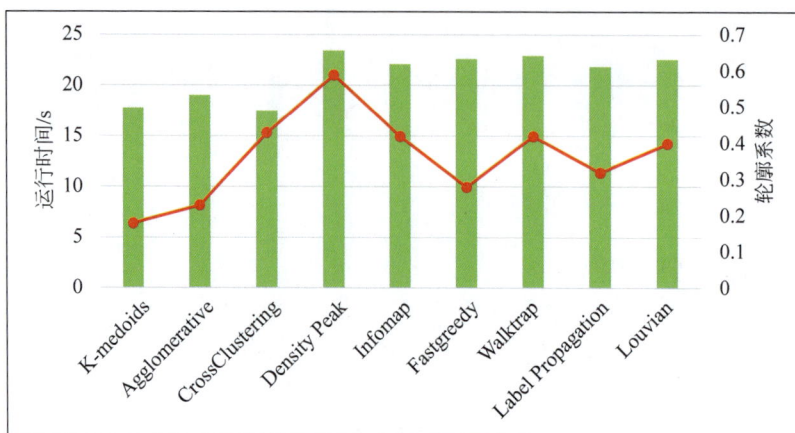

(a) 基于MSM的各算法比较

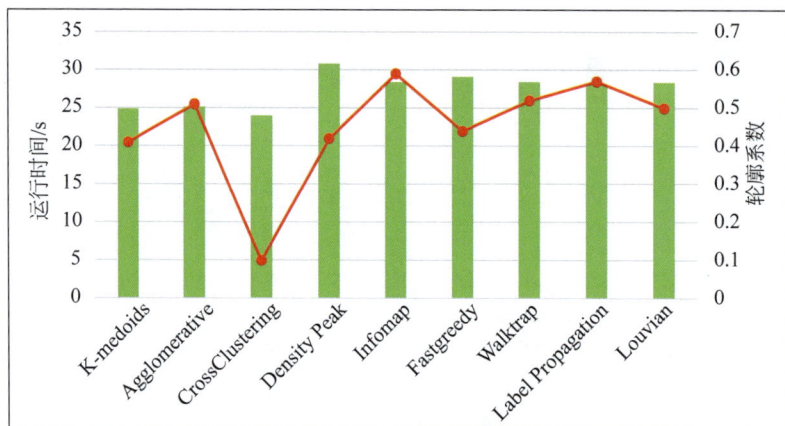

(b) 基于MUITAS各算法比较

图 5.14　Osaka 数据集上各算法的比较

（5）基于轨迹聚类的社区用户行为模式分析。

　　基于挖掘出的轨迹社区，可以找到轨迹所对应的用户社区，进而识别用户的行为模式。轨迹聚类的目的是通过探测轨迹社区，进而发现轨迹社区所对应的用户行为模式，即同一社区内的用户具有相似的行为模式，不同社区的用户之间的行为模式相异性较大。以旅游地点推荐为例，同一社区内的用户，其旅游偏好往往相互趋同，这为个性化旅游推荐提供了坚实的依据，使得将某些用户的探索足迹推荐给同社区内的其他成员成为可能。在数据集中，用户的轨迹呈现出多样化的形态，有的用户仅留下一条轨迹，所得到的轨迹社区直接对应于用户社区；而有的用户则拥有丰富的轨迹记录，这些轨迹可能散布于不同的社区之中,反映出用户在不同情境下展现出的多元化行为模式。因此,一个用户可能因其多样化的活动轨迹而同时隶属于多个用户社区,每个社区均代表其某一特定方面的行为特征。

基于轨迹的社区划分结果,可以得到其对应的用户社区。同一社区内的用户的行为模式具有一定的相似性,不同社区用户具有的行为模式则存在一定的差异。

对于本章数值算例中的轨迹数据集,如图 5.2 所示,每个用户具有一条轨迹,得到的轨迹社区直接对应其用户社区。在本例中,通过对不同的语义层次进行轨迹社区划分,得到的划分结果也存在差异。在较低语义层次上,轨迹 T_2 和 T_3 被划分到一个社区,轨迹 T_1、T_4 和 T_5 被划分到另一个社区。因此,轨迹 T_2 和 T_3 对应的两个用户在同一个社区当中,轨迹 T_1、T_4 和 T_5 对应的三个用户则在另一个社区当中,这些用户在各自的社区中,与社区内的其他用户都具有相似的行为模式。通过图 5.2 也可以看出,T_2 和 T_3 中的各轨迹采样点的语义属性(时间,地点)大部分都相似,自然而然,T_2 和 T_3 被划分到同一社区当中,并据此推测轨迹 T_2 和 T_3 对应的用户具有相似的行为模式。同理,在较高语义层次上,轨迹 T_1 和 T_5 被划分到一个社区,轨迹 T_2、T_3 和 T_4 被划分到另一个社区。因此,轨迹 T_1 和 T_5 对应的两个用户在同一个社区当中,轨迹 T_2、T_3 和 T_4 对应的三个用户则在另一个社区当中,各自社区内的用户也具有相似的行为模式。例如,T_1 和 T_5 对应的用户往返于居住地点和机场之间,T_2、T_3 和 T_4 对应的用户往返于学习、工作地点和娱乐地点之间。

对于 Foursquare 数据集,在本章提出的算法的基础上,以 MUITAS 相似性度量方法和 Infomap 社区发现方法为例,该轨迹数据被划分为四个社区,各社区内轨迹数量的分布情况如图 5.9(a)中的 Infomap 算法所示。在该数据集中,每个用户对应一条轨迹。四个轨迹社区便对应于四个用户社区。通过对用户社区进行分析,可以发现,社区 1 中的大部分用户的签到地点主题常常为Travel & Transport 和 Residence,据此可推测这些用户经常出差或者旅行;社区 2 中的大部分用户的签到地点主题常常为 Food 和 Arts & Entertainment,据此可推测这些用户比较喜欢美食和娱乐;社区 3 中的大部分用户的签到地点主题常常为 Shop & Service 和 Outdoors & Recreation,据此可推测这些用户比较喜欢购物或者室外娱乐;社区 4 中的大部分用户的签到地点主题常常为Residence,College & University 和 Professional & Other Places,据此可推测这些用户可能在大学学习或者工作。

同理,对于 Osaka 数据集,在本章提出的算法的基础上,以 MUITAS 相似性度量方法和 Infomap 社区发现方法为例,该轨迹数据被划分为 28 个社区,各社区内轨迹数量的分布情况如图 5.9(b)中的 Infomap 算法所示。在该数据集中,每个用户对应一条或多条轨迹。由于该轨迹数据集社区划分数量较多,本章以轨迹数量较多的前五个社区为例进行分析。通过对五个用户社区的分析可以发现,社区 1 中的大部分用户在晚上访问 PoI(Point of Interest)ID 为 8,PoI 主题属于 Park 的地点。社区 2 中的大部分用户在周末早上或者下午访问 PoI ID 为 5,PoI 主题属于 Amusement 的地点。社区 3 中的大部分用户在晚上访问 PoI ID 为 6,PoI 主题属于 Amusement 的地点。社区 4 中的大部分用户在下午或者晚上访问 PoI ID 为 26,PoI 主题属于 Entertainment 的地点。社区 5 中的大部分用户在早上或者晚上访问 PoI ID 为 22,PoI 主题属于 Entertainment 的地点。另外,在该数据集中,有些用户有多条轨迹,这些轨迹被划分在不同的社区,因此,这些轨迹对应的用户属于多个用户社区。例如,用户 ID 为"10340578@N06"的游客有两条轨迹,根据轨迹社区划分结果,这两条轨迹分别属于社区 3 和社区 5,也就是说,该游客同时具有这两个社区用户行为模式的特征。

本章小结

本章研究了移动情境感知环境下的社区用户行为模式挖掘方法,首先通过大规模多种类传感器感知物理世界中用户的活动数据,进而提取出这些轨迹的深层语义信息;其次,为了高效评估语义轨迹间的相似度,引入本体论的思想建立了语义轨迹的相似度矩阵与相应的网络模型,此模型集成了多维情境特征,形成了抽象化的社交网络表示;再次,构建了基于网络社区检测的语义轨迹聚类算法 STCCD,讨论了网络构造参数如何影响并优化语义轨迹的聚类效果;最后,在真实世界的轨迹数据集上,与一些传统的及近期提出的轨迹聚类方法进行了比较和分析,实验结果证明了 STCCD 算法的有效性与优越性。

本章从网络的角度对社区划分以及社区用户的行为模式进行了分析和挖掘,构建的算法和模型可以发现兴趣爱好相似的社区,以及发现社区用户的行为规律,能够促进用户在社区中获取知识分享与推荐,为诸如旅游爱好者社区构建提供决策支持,促进其健康发展。

第6章

结论与展望

6.1　结论

　　用户行为模式蕴含人们的行为规律和兴趣爱好,广泛涉及工作、生活日常、交通出行及休闲娱乐等方面,移动情境感知环境下,对用户行为模式的挖掘愈发侧重于用户的即时移动环境,旨在解析不同情境下,各层次用户所展现出的独特行为习惯与兴趣倾向。随着多源异构情境感知数据获取能力的增强,对用户行为模式挖掘的精度与效率提出了更为严苛的标准。本书面向不同层次和社会特征的移动用户,以其轨迹数据为核心,结合丰富的情境感知信息,识别其行为模式,进而能够促进个体用户、群体用户乃至社区用户的社会互动与沟通,为移动情境感知个性化服务的实施提供了方法和技术支持。本书得到以下主要结论。

　　(1) 在移动情境感知环境下,用户的移动情境感知信息和交互行为中蕴含着个体用户的行为模式,这些模式不仅涵盖了用户长期稳固的行为习惯与兴趣偏好,还捕捉到了近期这些习惯与偏好的动态变化趋势。针对此,本书提出了移动情境感知环境下的个体用户行为模式挖掘算法 UTDMSP,该算法引入一种优化的嵌套键值模型,实现了对多源异构情境感知信息的融合。UTDMSP算法的核心创新在于其兼顾全局与局部支持度的平衡,有效克服了传统方法中仅依赖均一化指标评估频繁序列的局限性,从而能够更加精确地识别个体用户的行为与交互规律。这一改进不仅提升了行为模式识别的准确性,还增强了算法对不同用户行为特性的适应性。实验结果表明,多源的移动情境感知数据能够准确描述用户行为和交互活动发生时所处的环境,但是当情境数据达到极高细粒度时,可能会在一定程度上限制规则匹配的灵活性与效率。因此,在将UTDMSP算法应用于实际场景时,建议根据具体需求适当放宽部分约束条件,以平衡数据精度与算法效率之间的关系。

(2)在移动情境感知环境下,个体用户行为模式的效用受多种因素影响。本书以网约出租车驾驶员追求高预期收益的运营行为模式为例,构建了移动情境感知环境下的驾驶员 Top-N 高效用运营行为模式挖掘算法。该算法旨在探究驾驶员的运营行为和交互活动如何紧密关联于其经济收益,从而揭示提升收益的关键路径。本书创新性地构建了高效用序列树 HUST,该树状结构基于订单效用函数构建,能够系统地表示不同运营策略下的潜在收益。为优化算法效率与准确性,引入了节点效用和路径效用两个剪枝策略,有效缩减了候选行为序列的搜索空间,确保算法能够实时响应情境变化,动态调整并推荐最有可能带来高预期收益的订单序列给驾驶员。实验结果表明,本书提出的算法能够有效地从多维异构的出租车运营数据中发现 Top-N 高效用的订单序列,为驾驶员推荐潜在高收益的下一订单,提高驾驶员的收益。

(3)在移动情境感知环境下,群体用户行为模式的挖掘需要侧重于情境的共性特征,强调时间和空间的同步性。本书聚焦于群体居民的日常通勤行为,设计并实现了移动情境感知的群体用户行为模式挖掘算法。该算法不依赖于地理科学等领域知识,融合了基于网格的空间聚类算法 GDPC_SFNN 与工作居住指数 WRI,构建了通勤行为模式识别的通用框架。通过 GDPC_SFNN 算法,实现了在不依赖外部领域知识的前提下,对大规模二维空间数据的高效聚类处理,该算法兼顾了数据点间的距离度量与分布密度的双重考量,确保了聚类结果的质量与准确性。结合 WRI 的应用,解读了城市居民的通勤行为模式与城市空间结构之间关联,分析了城市居民通勤的四种模式的特点,并向城市交通管理部门提出了针对性的公共交通调度优化策略。针对高频短途模式,建议增强短途公交线路的频次与覆盖面;对于高频长途模式,则考虑增设直达或快速公交线路以减少换乘时间;低频短途模式可能需通过灵活调度小型公交或共享出行服务来满足零散需求;而低频长途模式则强调长途交通工具班次优化与舒适度提升。实验结果表明,本书构建的 GDPC_SFNN 算法及其配套框架,不仅能够有效识别城市居民群体通勤行为的复杂模式,还可为智慧城市的公共交通管理策略制定提供了坚实的数据支持与决策依据。

(4)在移动情境感知环境下,社区用户行为模式的挖掘依赖于用户的社区划分效果。本书采用社区检测算法对用户的语义轨迹进行聚类,进而构建了移动情境感知环境下的社区用户行为模式挖掘算法。鉴于用户轨迹的复杂性与多维性,本书不仅着眼于轨迹的时空特征相似性,还创新性地融入了轨迹的情境语义,以全面捕捉用户行为的深层内涵。具体而言,首先设计并实现了一种泛化的语义相似度函数,兼顾轨迹之间的时空相似性和语义相似性;然后基于这一相似度度量构建了一个语义轨迹网络,该模型将复杂的相似度矩阵转换为直观的网络结构,便于从网络的角度更好地度量轨迹的语义相似性,捕捉轨迹之间的局部关系和全局关系。实验结果表明,本书构建的语义轨迹聚类算法STCCD能够得到更准确的社区划分结果,发现社会特性相似或社交关系紧密的社区用户,可以为用户提供个性化推荐,辅助社区用户协作支持、智能决策等。

6.2 创新点

本书结合计算社会科学理论与情境感知计算领域,融合行为模式识别算法和数据挖掘算法,对移动情境感知环境下的个体用户、群体用户和社区用户的行为模式挖掘算法进行了研究,取得了相应的创新成果,具体创新之处可以归纳为以下几点。

(1)为了融合多源异构的情境感知信息构建了嵌套键值存储模型,提出了基于序列规则的个体用户行为模式挖掘方法和 Top-N 高效用行为模式挖掘方法,为移动情境感知环境下的个体用户行为模式识别与高效用行为的决策问题提供了一种新的求解方法。

在移动情境感知领域,数据的多源异构特性构成了有效融合的一大挑战。当前主流的挖掘算法普遍采用全局平均化的度量策略,导致挖掘结果倾向于反映用户的长期行为惯性,却难以捕捉其近期偏好的动态变化。此外,仅依赖支持度与置信度作为评估指标,难以全面揭示行为模式在重要性层面的差异。鉴于上述局限,本研究针对移动情境感知数据的独特性质,设计并实现了一种基于嵌套键值存储模型的个体用户行为模式挖掘新算法。该算法采用基于最新趋势的更新策略,能够更加精确地识别用户行为模式的长期稳定性与近期变迁趋势,从而实现了对传统序列模式挖掘方法的显著增强。在多个用户行为数据集上的实验验证了本书所提出算法在有效性和处理速度上的双重优势,进一步推动了计算社会科学领域中移动情境感知计算在个体用户行为规律识别领域的应用。此外,为弥补现有行为模式评价体系中偏重数量或频率而忽视经济与社会效益评估的缺陷,以及解决视角局限的问题,本研究还提出了一种 Top-N 高效用行为模式挖掘算法,该算法融入了一种新型序列树形结构与效用函数,不仅能够有效衡量行为模式的经济与社会价值,还突破了局部视角的束缚,提供了更为全面和深入的分析视角。在出租车运营数据集上的实际应用案例,充分展示了该模型在提升行为模式分析精度与实用性方面的显著成效。

(2)构建了基于网格热度的空间聚类算法,提出了识别城市功能区的工作居住指数,并构建了城市居民群体通勤行为模式分析框架,丰富和完善了移动情境感知环境下的群体用户行为模式识别的理论和方法。

基于出租车轨迹从城市空间格局来理解群体用户的通勤行为模式,过程复杂且计算花销大。本书提出了一种系统化的分析策略。该策略聚焦于群体居民通勤行为模式的识别过程特性,通过结构化分析方法,将这一综合性问题拆解为若干既独立又相互依存的序列性子问题。这些子问题被整合至一个统一的系统框架内进行深入探讨,旨在实现城市居民群体通勤行为模式识别与公共交通调度决策的一体化集成研究,从而有效克服了过去两者间存在的"脱节"现象。为了优化处理过程并提升识别精度,本文将经纬度坐标转换为更泛化的网格表示形式,并据此设计了一种空间聚类算法。该算法不仅考虑了样本间的空间距离,还兼顾了样本分布的密度特征,使其能够识别出任意形状的聚类簇。此算法有效地减少了候选地点的数量,同时保留了关键的位置信息。真实数据集上的实验表明该模型有效克服了传统方法对于地理科学领域知识的高度依赖,以及解决了用户行为模式挖掘中时空信息处理的异步性和割裂性问题。该模型能够高效地识别出群体居民的通勤行为模式,为深入理解群体用户行为模式提供了坚实的理论基础和有效的技术支撑。

(3)构建了结合移动对象时空信息和多属性特征的泛化的语义相似度函数,提出了从网络的角度来发现社会特性相似的用户社区的途径,开拓了移动情境感知环境下的社区用户行为模式识别方法的新思路。

本书通过构建相似度矩阵构建轨迹的网络逻辑结构,巧妙地将社区用户复杂的行为模式挖掘问题转化为语义轨迹的社区发现问题。具体而言,首先利用融合多维属性的相似度度量体系,将用户的移动轨迹映射为富含语义信息的轨迹网络,进而采用社区检测算法对这些轨迹进行高效聚类。再利用社区检测算法对轨迹进行聚类,继而发现轨迹所对应的用户社区。根据所求解子问题优先级的顺序依次进行求解,使得复杂的社区用户行为模式识别问题转化为相对简单的子问题,得以"化整为零"。语义轨迹数据集上的实验证明本书所提出的算法能够有效地从海量语义轨迹数据中挖掘出轨迹聚类信息,并据此识别出用户所属的社区结构。这一成果不仅深化了计算社会科学领域中基于移动情境感知计算在社区用户行为规律识别领域的应用,更为解决移动情境感知的社区用户行为模式识别的挑战性问题提供了新颖的视角和实用的工具。

6.3 展望

对人类行为的感知和理解是一个多维度且高度复杂的计算社会科学议题，特别是面对人类行为的复杂性、不确定性以及互动方式多样性时，构建精确且有效的模型与算法面临着前所未有的挑战。尽管本书已借助前沿理论与技术手段，对研究问题进行了系统性的形式化阐述，并在移动情境感知环境下，探索了用户行为模式挖掘方法的新路径，取得了一系列创新性的理论突破与实践成果，然而，这些成果尚未全面融入现实世界的具体场景或特定应用领域中。当前构建的模型与算法在实际部署时，仍需紧密关联并适应多样化的管理问题与挑战，在理论模型与实际应用之间建立更为精细的桥梁，以实现从理论创新到实践应用的无缝对接。因此，该研究领域仍蕴藏着丰富的探索空间，并面临着深化研究的迫切需求，包括但不限于模型优化、算法适应性提升、跨领域融合应用等方面的进一步探索与分析。

（1）在个体用户行为模式挖掘方法研究中，通过整合多种来源的移动情境感知数据能够准确描述用户所处的环境。然而，如何确定各种情境对用户行为影响的重要程度还是一个需要深入研究的问题，即应该选取何种情境以及所使用情境的权重如何分配？另外，还存在情境层次粒度选择的难题。一方面，高度细化的情境描述虽能提升情境还原的精确度，却往往伴随着行为模式匹配复杂性的激增，进而可能削弱个性化服务的实效性与可操作性；另一方面，过度泛化的情境处理虽能减轻计算负担，但可能因信息损失而增加计算成本。因此，如何平衡情境粒度以优化服务效能，成为本书后续研究的重要方向之一。

（2）在群体用户行为模式挖掘方法研究中，针对城市居民群体通勤行为模式的算法验证实验主要局限于出租车轨迹数据的分析范畴，这一做法虽具一定参考价值，但不可避免地存在一定的样本偏差。仅依赖出租车数据难以精确区分居民的出行意图，即无法明确界定其是否为直接抵达目的地的全程服务利用，还是仅为衔接其他公共交通方式（如地铁、公交）的短暂中转。为弥补这一局限，研究亟须纳入更多元化的数据源，包括但不限于公交车运行轨迹数据、智能手机生成的移动通信记录等，以期构建更为全面、细致的通勤行为画像。此外，群体居民的通勤行为模式构建是一个复杂多维的过程，它不仅紧密关联城市功能区的空间布局逻辑及工作场所的运营时间，还深刻受到诸如住宅价格、交通拥堵状况、天气条件乃至个人社会经济属性等多重因素的影响。因此，本书的后续研究展望中，将致力于进一步拓宽分析维度，深入探究这些外部变量如何与通勤行为模式相互作用共同塑造城市居民的日常出行习惯。

（3）在社区用户行为模式挖掘方法研究中,基于社区检测的语义轨迹聚类算法 STCCD 实现了语义轨迹数据集中所有轨迹数据的高质量聚类。然而,鉴于实际应用场景的复杂性,亟须一种能够探测轨迹数据集中特定的一个或多个轨迹的聚类社区,以便更细致地剖析这些特定语义轨迹社区内用户的独特行为特征。因此,针对单一语义轨迹设计高效且适应性强的聚类算法,成为了当前研究领域中一个极具挑战性与价值的研究方向。此外,随着信息技术的日新月异与数据采集技术的迅猛进步,人类社会活动所产生的轨迹数据呈现出爆炸式增长态势,对轨迹数据的处理与分析能力提出了前所未有的要求。传统轨迹聚类算法在面对如此庞大的数据规模时,往往显得力不从心,难以保证处理效率与聚类效果。鉴于此,面向大规模语义轨迹数据,开发一种能够充分利用分布式计算资源与并行处理能力的语义轨迹聚类算法,成为了亟待解决的关键问题。

（4）本书致力于探讨基于轨迹数据的用户行为模式挖掘方法,该方法旨在服务于不同层次的用户需求。轨迹数据作为一类蕴含丰富信息的资源,其研究价值不言而喻,不仅为众多领域带来了显著的效益,也伴随着个人隐私泄露的风险。这是因为轨迹数据显性或隐性地包含了用户的个人行为特征、兴趣偏好和社会关系等敏感信息,若处理不当,极易构成对用户隐私的侵犯,甚至危及用户的安全。在未来的研究中将关注轨迹数据的隐私保护问题,力求在保障用户隐私权益的同时,促进数据的合理应用。这包括但不限于以下几个关键方面:一是构建科学的信息敏感度与泄露风险评估体系,以量化分析用户隐私信息的潜在威胁;二是探索并实施全面的轨迹数据隐私保护机制,确保数据在收集、存储、处理及共享等各个环节中的安全性;三是寻求隐私保护与数据效用之间的最佳平衡点,即在保护用户隐私的前提下,最大化轨迹数据在智慧交通、智慧城市等应用场景中的价值。通过上述努力,期待能够构建一个既安全又高效的轨迹数据使用环境,从而吸引更多用户愿意分享其移动数据。这些丰富的数据源将进一步赋能智慧分析与决策系统,为城市交通管理、城市规划、公共服务优化等领域提供强有力的支持,最终惠及广大民众,提升社会整体的运行效率与居民的生活质量。

参 考 文 献

[1] LAZER D,PENTLAND A,ADAMIC L,et al. Computational social science[J]. Science, 2009,323(5915)：721-723.

[2] 於志文,於志勇,周兴社. 社会感知计算：概念、问题及其研究进展[J]. 计算机学报, 2012,35(1)：16-26.

[3] 郭迟,方媛,刘经南,等. 位置服务中的社会感知计算方法研究[J]. 计算机研究与发展, 2013,50(12)：2531-2542.

[4] SCHILIT B, ADAMS N, WANT R. Context-aware computing applications［C］// Proceedings of the 1st Workshop on Mobile Computing Systems and Applications. California,USA：IEEE. 1994：85-90.

[5] DEY A K, ABOWD G D. Providing architectural support for building context-aware applications[D]. Atlanta：Georgia Institute of Technology,2000.

[6] 顾君忠. 情景感知计算[J]. 华东师范大学学报（自然科学版）,2009(5)：1-20.

[7] CHEN X,WANG H,QIANG S, et al. Discovering and modeling meta-structures in human behavior from city-scale cellular data［J］. Pervasive and Mobile Computing, 2017,40：464-479.

[8] 陈国青,吴刚,顾远东,等. 管理决策情境下大数据驱动的研究和应用挑战：范式转变与研究方向[J]. 管理科学学报,2018,21(7)：1-10.

[9] 陈国青,曾大军,卫强,等. 大数据环境下的决策范式转变与使能创新[J]. 管理世界, 2020,36(2)：95-105.

[10] 吴俊杰,刘冠男,王静远,等. 数据智能：趋势与挑战[J]. 系统工程理论与实践,2020, 40(8)：2116-2149.

[11] 冯仕政. 大数据时代的社会治理与社会研究：现状、问题与前景[J]. 大数据,2016, 2(2)：3-16.

[12] 王飞跃,王晓,袁勇,等. 社会计算与计算社会：智慧社会的基础与必然[J]. 科学通报, 2015,60(Z1)：460-469.

[13] Griffin R, Phillips J M, Gully S. Organizational Behavior：Managing People and Organizations[J]. South-Western/Cengoge Learning,2010.

[14] 群体层次测定理论及其对管理的意义[J]. 应用心理学,1986(2)：2-5.

[15] 王怀明. 组织行为学：理论与应用[M]. 北京：清华大学出版社,2014.

[16] 斯蒂芬·罗宾斯,蒂莫西·贾奇. 组织行为学[M]. 孙健敏,王震,李原,译,北京：中国人民大学出版社,2016.

[17] ABOWD G D,Dey A K,Brown P J,et al. Towards a better understanding of context and context-awareness［C］//Proceedings of the 1st International Symposium on Handheld and Ubiquitous Computing. Berlin,Heidelberg：Springer. 1999：304-307.

[18] PERERA C,ZASLAVSKY A,CHRISTEN P,et al. Context aware computing for the Internet of Things: A survey[J]. IEEE Communications Surveys & Tutorials,2014, 16(1): 414-454.

[19] SCHMIDT A,BEIGL M,GELLERSEN H W. There is more to context than location [J]. Computers & Graphics,1999,23(6): 893-901.

[20] 苏敬勤,张琳琳. 情境内涵、分类与情境化研究现状[J]. 管理学报,2016,13(4): 491-497.

[21] 徐浩. 移动情景感知的实时推荐技术研究[D]. 长沙:国防科学技术大学,2014.

[22] LIU C,GUO C. A framework of mobile context-aware recommender system[C]// Proceedings of the International Conference of Pioneering Computer Scientists, Engineers and Educators. Singapore:Springer. 2017: 78-93.

[23] 孟祥武,王凡,史艳翠,等. 移动用户需求获取技术及其应用[J]. 软件学报,2014,25(3): 439-456.

[24] 郭静娟. 基于梯度提升决策树的情境感知推荐模型[J]. 情报探索,2020(4): 58-63.

[25] 张磊,王延章,陈雪龙,等. 面向突发事件应急决策的情景建模方法[J]. 系统工程学报,2018,33(1): 1-12.

[26] 黄润鹏,左文明,毕凌燕. 基于微博情绪信息的股票市场预测[J]. 管理工程学报, 2015,29(1): 47-52.

[27] 王杨,赵红东. 基于改进粒子群优化的支持向量机与情景感知的人体活动识别[J]. 计算机应用,2020,40(3): 665-671.

[28] 强韶华,罗云鹿,李玉鹏,等. 基于RBR和CBR的金融事件本体推理研究[J]. 数据分析与知识发现,2019,3(8): 94-104.

[29] 王国栋,高超,原野,等. 一种基于网络分析的语义冗余发现方法[J]. 复杂系统与复杂性科学,2017,14(1): 58-65.

[30] 尹洁,施琴芬,李锋. 面向应急决策的极端洪水关键情景推理研究[J]. 管理评论, 2019,31(10): 255-262.

[31] 胡蓓蓓. 基于规则的情境感知信息推送架构[J]. 图书与情报,2015(3): 110-117.

[32] 夏正霖,夏登友. 基于模糊规则推理的商业综合体火灾情景构建方法研究[J]. 中国安全生产科学技术,2017,13(10): 75-79.

[33] LIM B Y,DEY A K. Toolkit to support intelligibility in context-aware applications [C]//Proceedings of the 12th ACM International Conference on Ubiquitous Computing. New York,NY,USA:ACM. 2010: 13-22.

[34] AGRAWAL,SRIKANT R. Fast algorithms for mining association rules [C]// Proceedings of the 20th International Conference on Very Large Data Bases. San Francisco,California,USA:IEEE. 1994: 487-499.

[35] TANG H,LIAO S,SUN S. A prediction framework based on contextual data to support mobile personalized marketing [J]. Decision Support Systems, 2013, 56: 234-246.

[36] FOURNIER-VIGER P, WU C-W, TSENG V S, et al. Mining partially-ordered

sequential rules common to multiple sequences[J]. IEEE Transactions on Knowledge and Data Engineering,2015,27(8)：2203-2216.

[37] HONG T P,WU Y Y,WANG S L. An effective mining approach for up-to-date patterns[J]. Expert Systems with Applications,2009,36(6)：9747-9752.

[38] WANT R,HOPPER A,FALCAO V,et al. The active badge location system[J]. ACM Transactions on Information Systems,1992,10(1)：91-102.

[39] SASSI I B, MELLOULIS, YAHIA S B. Context-aware recommender systems in mobile environment：On the road of future research[J]. Information Systems,2017, 72：27-61.

[40] 李肖俊,邵必林.多源异构数据情境中学术知识图谱模型构建研究[J].现代情报, 2020,40(6)：88-97.

[41] 尹慧子,张海涛,马婷婷,等.智慧医疗情境下信息交互行为及拓扑结构研究[J].现代情报,2020,40(3)：137-147.

[42] 陈恩红,徐童,田继雷,等.移动情境感知的个性化推荐技术[J].中国计算机学会通讯,2013,9(3)：18-24.

[43] ZHENG Y,ZHANG L,XIE X,et al. Mining interesting locations and travel sequences from GPS trajectories[C]//Proceedings of the 18th International Conference on World Wide Web. New York,NY,USA：ACM. 2009：791-800.

[44] 孙越恒,刘晓彤,王文俊.事件驱动的在线社交群体演化行为预测[J].情报杂志, 2019,38(6)：110-117.

[45] 胡璨,崔晓晖.社交网络用户发布模式和兴趣预测研究[J].计算机工程与应用,2020, 56(9)：99-105.

[46] 张伟,杨婷,张武康.移动购物情境因素对冲动性购买意愿的影响机制研究[J].管理评论,2020,32(2)：174-183.

[47] 唐东平,吴邵宇.基于情境感知的餐饮 O2O 推荐系统研究[J].计算机技术与发展, 2020,30(1)：118-123.

[48] 高永梅,鲍福光.融入位置情景的移动用户行为挖掘方法研究[J].数学的实践与认识,2018,48(16)：72-84.

[49] 高榕,李晶,杜博,等.一种融合情景和评论信息的位置社交网络兴趣点推荐模型[J].计算机研究与发展,2016,53(4)：752-763.

[50] 杜巍,高长元.移动电子商务环境下个性化情景推荐模型研究[J].情报理论与实践, 2017,40(10)：56-61.

[51] 邬群勇,张良盼,吴祖飞.利用出租车轨迹数据识别城市功能区[J].测绘科学技术学报,2018,35(4)：413-417.

[52] 吴涛,毛嘉莉,谢青成,等.基于实时路况的 top-k 载客热门区域推荐[J].华东师范大学学报(自然科学版),2017,(5)：186-200.

[53] 冯慧芳,杨振娟.基于时空相似度聚类的热点载客路径挖掘[J].交通运输系统工程与信息,2019,19(5)：94-100.

[54] 高瞻,余辰,向郑涛,等.基于网格化的出租车空载寻客路径推荐[J].计算机应用与软

件,2019,36(5):281-288.

[55]　樊超,郭进利,韩筱璞,等.人类行为动力学研究综述[J].复杂系统与复杂性科学,2011,8(2):1-17.

[56]　BARABAS A-L. The origin of bursts and heavy tails in human dynamics[J]. Nature,2005,435(7039):207.

[57]　BROCKMANN D,HUFNAGEL L,GEISEL T. The scaling laws of human travel[J]. Nature,2006,439(7075):462.

[58]　赵志丹.人类行为时空特性的分析,建模及动力学研究[D].成都:电子科技大学,2014.

[59]　陈冬祥,丁志军,闫春钢,等.一种综合多因素的网页浏览行为认证方法[J].计算机科学,2018,45(2):181-188.

[60]　孙少叶,温晓光.互联网下零售电子商务用户浏览优化预测[J].计算机仿真,2018,35(6):412-416.

[61]　屈娟娟.大数据网络用户浏览隐式反馈信息检索仿真[J].计算机仿真,2019,36(9):430-433.

[62]　刘洪伟,高鸿铭,陈丽,等.基于用户浏览行为的兴趣识别管理模型[J].数据分析与知识发现,2018,2(2):74-85.

[63]　LI Q,ZHANG Z,LI K,et al. Evolutionary dynamics of traveling behavior in social networks[J]. Physica A:Statistical Mechanics and its Applications,2020,545:123664.

[64]　ZONG F,WU T,JIA H. Taxi drivers' cruising patterns:Insights from taxi GPS traces[J]. IEEE Transactions on Intelligent Transportation Systems,2019,20(2):571-582.

[65]　RONG H,WANG Z,ZHENG H,et al. Mining efficient taxi operation strategies from large scale geo-location data[J]. IEEE Access,2017,5:25623-25634.

[66]　MAO F,JI M,LIU T. Mining spatiotemporal patterns of urban dwellers from taxi trajectory data[J]. Frontiers of Earth Science,2016,10(2):205-221.

[67]　ZHENG L,XIA D,ZHAO X,et al. Spatial-temporal travel pattern mining using massive taxi trajectory data[J]. Physica A:Statistical Mechanics and Its Applications,2018,501:24-41.

[68]　HE B,ZHANG Y,CHEN Y,et al. A simple line clustering method for spatial analysis with origin-destination data and its application to bike-sharing movement data[J]. ISPRS International Journal of Geo-Information,2018,7(6):203.

[69]　LI M,KWAN M-P,WANG F,et al. Using points-of-interest data to estimate commuting patterns in central Shanghai,China[J]. Journal of Transport Geography,2018,72:201-210.

[70]　李君轶,唐佳,冯娜.基于社会感知计算的游客时空行为研究[J].地理科学,2015,35(7):814-821.

[71]　徐欣,胡静.基于GPS数据城市公园游客时空行为研究:以武汉东湖风景区为例[J].经济地理,2020,40(6):224-232.

[72] 张丽娜,李仁杰,张军海,等.位置照片表征的景区游客拍照行为时空模式[J].旅游科学,2020,34(1):88-103.

[73] 张舜尧,常亮,古天龙,等.基于轨迹挖掘模型的旅游景点推荐[J].模式识别与人工智能,2019,32(5):463-471.

[74] TSENG V S,WU C-W,FOURNIER-VIGER P,et al. Efficient algorithms for mining top-k high utility itemsets [J]. IEEE Transactions on Knowledge and Data Engineering,2015,28(1):54-67.

[75] 何登平,何宗浩.基于 R-list 的 Top-K 高效用项集挖掘算法[J].计算机工程与科学,2019,41(7):1318-1324.

[76] LIN J C-W,GAN W,HONG T-P,et al. Efficient algorithms for mining up-to-date high-utility patterns[J]. Advanced Engineering Informatics,2015,29(3):648-661.

[77] 张全贵,曹阳,李志强.一种频率约束的高效用模式挖掘算法[J].计算机应用与软件,2018,35(11):266-271.

[78] 曾毅,张福泉.基于多效用阈值的分布式高效用序列模式挖掘[J].计算机工程与设计,2020,41(2):449-457.

[79] 赵林柳,吕鑫,陶飞飞.基于 Top-k 的高效用模式挖掘算法[J].计算机工程,2019,45(5):169-174.

[80] LIN J C-W,FOURNIER-VIGER P,GAN W. FHN:An efficient algorithm for mining high-utility itemsets with negative unit profits[J]. Knowledge-Based Systems,2016,111:283-298.

[81] SINGH K,SHAKYA H K,SINGH A,et al. Mining of high-utility itemsets with negative utility[J]. Expert Systems,2018,35(6):e12296.

[82] SINGH K,KUMAR A,SINGH S,et al. EHNL:An efficient algorithm for mining high utility itemsets with negative utility value and length constraints[J]. Information Sciences,2019,484:44-70.

[83] WANG K,MENG W,BIAN J,et al. Spatial context-aware user mention behavior modeling for mentionee recommendation[J]. Neural Networks,2018,106:152-167.

[84] LEE W-P,CHEN C-T,HUANG J-Y,et al. A smartphone-based activity-aware system for music streaming recommendation [J]. Knowledge-Based Systems,2017,131:70-82.

[85] WANG R,MA X,JIANG C,et al. Heterogeneous information network-based music recommendation system in mobile networks[J]. Computer Communications,2020,150:429-437.

[86] DHIR A,KAUR P,RAJALA R. Why do young people tag photos on social networking sites? Explaining user intentions[J]. International Journal of Information Management,2018,38(1):117-127.

[87] LEMAHIEU W. Context-based navigation in the Web by means of dynamically generated guided tours[J]. Computer Networks,2002,39(3):311-328.

[88] LIU D,XIANG C,LI S,et al. HiNextApp: A context-aware and adaptive framework

for app prediction in mobile systems[J]. Sustainable Computing：Informatics and Systems,2019,22：219-229.

[89] 周博,马林兵,胡继华,等.基于轨迹数据场的热点区域提取及空间交互分析：以深圳市为例[J].热带地理,2019,39(1)：117-124.

[90] 郭亮,毕瑜菲,黄建中,等.大城市职住空间特征的多尺度比较与分析：以武汉为例[J].城市规划学刊,2018(5)：88-97.

[91] 王艳.体操运动员踏跳动作数据的空间轨迹检索方法[J].科学技术与工程,2017,17(8)：192-196.

[92] LIM K H,CHAN J,KARUNASEKERA S,et al. Tour recommendation and trip planning using location-based social media：A survey[J]. Knowledge and Information Systems,2019,60(3)：1247-1275.

[93] ARDAKANI I,HASHIMOTO K,YODA K. Understanding animal behavior using their trajectories [C]//Proceedings of the Distributed, Ambient and Pervasive Interactions：Technologies and Contexts. Switzerland：Springer. 2018：3-22.

[94] 秦昆,王玉龙,赵鹏祥,等.行为轨迹时空聚类与分析[J].自然杂志,2018,40(3)：177-182.

[95] 惠飞,吴丽宁,景首才,等.基于轨迹数据的多工况典型驾驶行为能耗评估[J].计算机应用与软件,2020,37(5)：50-56.

[96] 张可可,罗年学,赵前胜,等.顾及时空轨迹特征的台风相似性评估算法[J].测绘通报,2020,(2)：72-76.

[97] SCOTT R,BIASTOCH A,AGAMBOUE P D,et al. Spatio-temporal variation in ocean current-driven hatchling dispersion：Implications for the world's largest leatherback sea turtle nesting region[J]. Diversity and Distributions,2017,23(6)：604-614.

[98] 潘林.数据驱动的城市尺度人类移动性研究[D].天津：天津大学,2015.

[99] FENG Z,ZHU Y. A survey on trajectory data mining：Techniques and applications [J]. IEEE Access,2016,4：2056-2067.

[100] ZHENG Y. Trajectory data mining：An overview [J]. ACM Transactions on Intelligent Systems and Technology 2015,6(3)：1-41.

[101] 袁健,蒋宇,孙悦.基于改进随机森林算法的 LBSN 用户短期位置预测模型[J].小型微型计算机系统,2019,40(11)：2398-2403.

[102] 张海涛,蒋继飞,周欢.基于模式匹配度的用户移动规则挖掘及位置预测方法研究[J].计算机应用研究,2019,36(11)：3258-3261.

[103] 胡铮,刘奕杉,朱新宁,等.基于用户行为序列特征的位置预测模型[J].北京邮电大学学报,2019,42(6)：149-154.

[104] AUGUSTIN D,HOFMANN M,KONIGORSKI U. Motion pattern recognition for maneuver detection and trajectory prediction on highways[C]//Proceedings of the 2018 IEEE International Conference on Vehicular Electronics and Safety Madrid, Spain：IEEE. 2018：1-8.

[105] RATHORE P,KUMAR D,RAJASEGARAR S,et al. A scalable framework for

trajectory prediction[J]. IEEE Transactions on Intelligent Transportation Systems, 2019,20(10): 3860-3874.

[106] PATEL D, SHENG C, HSU W, et al. Incorporating duration information for trajectory classification[C]//Proceedings of the 28th International Conference on Data Engineering. Washington, USA: IEEE. 2012: 1132-1143.

[107] 刘磊,初秀民,蒋仲廉,等.基于KNN的船舶轨迹分类算法[J].大连海事大学学报, 2018,44(3): 15-21.

[108] LEE J-G, HAN J, WHANG K-Y. Trajectory clustering: A partition-and-group framework[C]//Proceedings of the 2007 ACM SIGMOD International Conference on Management of Data. New York, NY, USA: ACM. 2007: 593-604.

[109] ZHANG D, LEE K, LEE I. Hierarchical trajectory clustering for spatio-temporal periodic pattern mining[J]. Expert Systems with Applications,2018,92: 1-11.

[110] 杨震,王红军.基于轨迹划分与密度聚类的移动用户重要地点识别方法[J].计算机科学,2019,46(8): 23-27.

[111] BESSE P C, GUILLOUET B, LOUBES J M, et al. Review and perspective for distance-based clustering of vehicle trajectories[J]. IEEE Transactions on Intelligent Transportation Systems,2016,17(11): 3306-3317.

[112] FORTUNATO S, HRIC D. Community detection in networks: A user guide[J]. Physics Reports,2016,659: 1-44.

[113] FERREIRA L N, ZHAO L. Time series clustering via community detection in networks[J]. Information Sciences,2016,326: 227-242.

[114] 王韬烨,孔珊,李亚伦.基于结构近似度的社交网络聚类[J].南京理工大学学报(自然科学版),2020,44(2): 230-235.

[115] AGRAWAL R, IMIELIŃSKI T, SWAMI A. Mining association rules between sets of items in large databases[C]//Proceedings of the 1993 ACM SIGMOD International Conference on Management of Data. New York, NY, USA: ACM. 1993: 207-216.

[116] HAN J, PEI J. Mining frequent patterns by pattern-growth: methodology and implications[J]. ACM SIGKDD Explorations Newsletter,2000,2(2): 14-20.

[117] MA W, QIAN Z. A generalized single-level formulation for origin-destination estimation under stochastic user equilibrium[J]. Transportation Research Record,2018,2672(48): 58-68.

[118] HAN J, FU Y. Mining multiple-level association rules in large databases[J]. IEEE Transactions on Knowledge and Data Engineering,1999,11(5): 798-805.

[119] 张定祥,张跃进.基于改进多层次模糊关联规则的定量数据挖掘算法[J].计算机应用研究,2019,36(12): 3619-3622.

[120] FANG M, XU Y, YIN Q, et al. Abnormal event health-status monitoring based on multi-dimensional and multi-level association rules constraints in nursing information system[J]. Journal of Medical Imaging and Health Informatics, 2020, 10 (3): 586-592.

［121］ PADILLO F，LUNA J M，HERRERA F，et al. Mining association rules on big data through MapReduce genetic programming ［J］. Integrated Computer-Aided Engineering，2018，25(1)：31-48.

［122］ MANNILA H，TOVIVONEN H. Discovering generalized episodes using minimal occurrences［C］//Proceedings of the 2nd International Conference on Knowledge Discovery and Data Mining. Portland，Oregon：AAAI. 1996：146-151.

［123］ GUO B，HE H，YU Z，et al. GroupMe：Supporting group formation with mobile sensing and social graph mining［C］//Proceedings of the International Conference on Mobile and Ubiquitous Systems：Computing，Networking，and Services. Berlin，Heidelberg：Springer. 2012：200-211.

［124］ HARMS S K，DEOGUN J，TADESSE T. Discovering sequential association rules with constraints and time lags in multiple sequences［C］//Proceedings of the 13th International Symposium on Foundations of Intelligent Systems. Berlin，Heidelberg：Springer. 2002：432-441.

［125］ MAZIMPAKA J D，Timpf S. Trajectory data mining：A review of methods and applications［J］. Journal of Spatial Information Science，2016，2016(13)：61-99.

［126］ LIU H，SALERNO J，YOUNG M J. Social computing，behavioral modeling，and prediction［M］. Springer Publishing Company，2008.

［127］ GONG J，HUANG Y，CHOW P I，et al. Understanding behavioral dynamics of social anxiety among college students through smartphone sensors［J］. Information Fusion，2019，49：57-68.

［128］ URENA R，KOU G，DONG Y，et al. A review on trust propagation and opinion dynamics in social networks and group decision making frameworks［J］. Information Sciences，2019，478：461-475.

［129］ LIU C，GUO C. STCCD：Semantic trajectory clustering based on community detection in networks［J］. Expert Systems with Applications，2020，162：113689.

［130］ DODGE S，WEIBEL R，Lautenschütz A-K. Towards a taxonomy of movement patterns［J］. Information Visualization，2008，7(3-4)：240-252.

［131］ 高嘉伟，刘建敏. 一种面向轨迹信息的时序数据流异常检测算法［J］. 计算机工程，2018，44(5)：25-32.

［132］ ZHANG D，LI N，ZHOU Z-H，et al. iBAT：Detecting anomalous taxi trajectories from GPS traces ［C］//Proceedings of the 13th International Conference on Ubiquitous Computing. New York，NY，USA：2011：99-108.

［133］ YUAN G，XIA S，ZHANG L，et al. Trajectory outlier detection algorithm based on structural features［J］. Journal of Computational Information Systems，2011，7(11)：4137-4144.

［134］ CUI Y，HE Q，KHANI A. Travel behavior classification：An approach with social network and deep learning［J］. Transportation Research Record，2018，2672(47)：68-80.

[135] CANTABELLA M，MARTÍNEZ-ESPAÑA R，AYUSO B，et al. Analysis of student behavior in learning management systems through a big data framework[J]. Future Generation Computer Systems，2019，90：262-272.

[136] GANDHI S, GANDHI M. Hybrid recommendation system with collaborative filtering and association rule mining using big data[C]//Proceedings of the 3rd International Conference for Convergence in Technology IEEE. 2018：1-5.

[137] ZHANG D，LEE K，LEE I. Semantic periodic pattern mining from spatio-temporal trajectories[J]. Information Sciences，2019，502：164-189.

[138] ZHANG D. Periodic pattern mining from spatio-temporal trajectory data［D］. Townsville：James Cook University，2018.

[139] RAPHAELI O，GOLDSTEIN A，FINK L. Analyzing online consumer behavior in mobile and PC devices：A novel web usage mining approach[J]. Electronic Commerce Research and Applications，2017，26：1-12.

[140] SRIKANT R，AGRAWAL R. Mining sequential patterns：Generalizations and performance improvements[C]//Proceedings of the 5th International Conference on Extending Database Technology：Advances in Database Technology. Berlin，Heidelberg：Springer. 1996：1-17.

[141] BALTRUNAS L，CHURCH K，KARATZOGLOU A，et al. Frappe：Understanding the usage and perception of mobile app recommendations in-the-wild［J］. arXiv：150503014，2015.

[142] 刘丽，张丰，杜震洪，等. 基于深圳市出租车轨迹数据的高效益寻客策略研究[J]. 浙江大学学报（理学版），2018，45(1)：82-91.

[143] MIAO F，HAN S，LIN S，et al. Taxi dispatch with real-time sensing data in metropolitan areas：A receding horizon control approach[J]. IEEE Transactions on Automation Science and Engineering，2016，13(2)：463-478.

[144] LIAO Z. Real-time taxi dispatching using global positioning systems[J]. Communications of the ACM，2003，46(5)：81-83.

[145] 任其亮，王磊. 信息共享视角下铁路客运枢纽出租车运营通道数优化模型[J]. 重庆交通大学学报（自然科学版），2020，39(4)：31-35.

[146] DAI G，HUANG J，WAMBURA S M，et al. A balanced assignment mechanism for online taxi recommendation［C］//Proceedings of the 18th IEEE International Conference on Mobile Data Management IEEE. 2017：102-111.

[147] QIAN S，CAO J，MOUËL F L，et al. SCRAM：A sharing considered route assignment mechanism for fair taxi route recommendations[C]//Proceedings of the 21th ACM SIGKDD International Conference on Knowledge Discovery and Data Mining. 2015：955-964.

[148] TAN N，CHAI Y，ZHANG Y，et al. Understanding job-housing relationship and commuting pattern in Chinese cities：Past，present and future[J]. Transportation Research Part D：Transport and Environment，2017，52：562-573.

［149］YANG X，FANG Z，YIN L，et al. Understanding the spatial structure of urban commuting using mobile phone location data：A case study of Shenzhen，China［J］. Sustainability，2018，10（5）：1435.

［150］HANDY S，THIGPEN C. Commute quality and its implications for commute satisfaction：Exploring the role of mode，location，and other factors［J］. Travel Behaviour and Society，2019，16：241-248.

［151］张延吉，胡思聪，陈小辉，等. 城市建成环境对居民通勤方式的影响：基于福州市的经验研究［J］. 城市发展研究，2019，26（3）：72-78.

［152］ZHU J，FAN Y. Commute happiness in Xi'an，China：Effects of commute mode，duration，and frequency［J］. Travel Behaviour and Society，2018，11：43-51.

［153］BAI X，CHIN K-S，ZHOU Z. A bi-objective model for location planning of electric vehicle charging stations with GPS trajectory data［J］. Computers & Industrial Engineering，2019，128：591-604.

［154］郭亮，郑朝阳，黄建中，等. 基于通勤圈识别的大城市空间结构优化：以武汉市中心城区为例［J］. 城市规划，2019，43（10）：43-54.

［155］TANG J，ZHANG S，CHEN X，et al. Taxi trips distribution modeling based on entropy-maximizing theory：A case study in Harbin city：China［J］. Physica A：Statistical Mechanics and its Applications，2018，493：430-443.

［156］蒋寅，郑海星，于士元，等. 天津市职住空间分布与轨道交通网络耦合关系：基于手机信令数据分析［J］. 城市交通，2018，16（6）：26-35.

［157］RODRIGUEZ A，LAIO A. Clustering by fast search and find of density peaks［J］. Science，2014，344（6191）：1492-1496.

［158］XIE J，LIU X，WANG M. SFKNN-DPC：Standard deviation weighted distance based density peak clustering algorithm［J］. Information science，2024，653（0020-0255）：119788.

［159］DING S，DU W，XU X，et al. An improved density peaks clustering algorithm based on natural neighbor with a merging strategy［J］. Information Science，2023，624（0020-0255）：252-276.

［160］ZHU Q，FENG J，HUANG J. Natural neighbor：A self-adaptive neighborhood method without parameter K［J］. Pattern Recognition Letters，2016，80：30-36.

［161］LIU X，SUN L，SUN Q，et al. Spatial variation of taxi demand using GPS trajectories and POI data［J］. Journal of Advanced Transportation，2020，2020（12）：1-20.

［162］KORTH M，SCHLEIBAUM S，J. MÜLLER. et al. On the influence of grid cell size on taxi demand prediction［C］//Proceedings of the International Conference on Smart Objects and Technologies for Social Good，GOODTECHS，2022.

［163］ROUSSEEUW P J. Silhouettes：A graphical aid to the interpretation and validation of cluster analysis［J］. Journal of Computational and Applied Mathematics，1987，20：53-65.

［164］BAGIROV A，ALIGULIYEV R，SULTANOVA N. Finding compact and wellseparated clusters: Clustering using silhouette coefficients[J]. Pattern Recognition: The Journal of the Pattern Recognition Society,2023: 109144.

[165] XIUCHENG LIANG T Z, FILIP BILJECKI. Revealing spatio-temporal evolution of urban visual environments with street view imagery[J]. Landscape and Urban Planning,2023,237: 104802.

[166] CALINSKI T, HARABASZ J. A dendrite method for cluster analysis [J]. Communications in Statistics,1974,3(1): 1-27.

[167] Mallik M,Panja A,Chowdhury C. Paving the way with machine learning for seamless indoor-outdoor positioning: A survey[J]. Information Fusion,2023,94: 126-151.

[168] ALVAREZ-GARCIA M, IBAR-ALONSO R, ARENAS-PARRA M. A comprehensive framework for explainable cluster analysis[J]. Information Sciences,2024,663: 120282.

[169] DAVIES D L,BOULDIN D W. A cluster separation measure[J]. IEEE Transactions on Pattern Analysis and Machine Intelligence,1979,PAMI-1(2): 224-227.

[170] XU Q,ZHANG Q, LIU J, et al. Efficient synthetical clustering validity indexes for hierarchical clustering[J]. Expert Systems with Applications,2020,151: 113367.

[171] WIROONSRI N. Clustering performance analysis using a new correlation-based cluster validity index[J]. Pattern Recognition,2024,145(0031-3203): 109910.

[172] ZHENG W, HUANG X,LI Y. Understanding the tourist mobility using GPS: Where is the next place? [J]. Tourism Management,2017,59: 267-280.

[173] FURTADO A S,KOPANAKI D,ALVARES L O,et al. Multidimensional similarity measuring for semantic trajectories[J]. Transactions in GIS,2016,20(2): 280-298.

[174] PETRY L M,FERRERO C A,Alvares L O,et al. Towards semantic-aware multiple-aspect trajectory similarity measuring [J]. Transactions in GIS, 2019, 23 (5): 960-975.

[175] VLACHOS M,KOLLIOS G,GUNOPULOS D. Discovering similar multidimensional trajectories [C]//Proceedings of the 18th International Conference on Data Engineering. IEEE. 2002: 673-684.

[176] LEI C,ÖZSU M T,ORIA V. Robust and fast similarity search for moving object trajectories[C]. 2005 ACM SIGMOD International Conference on Management of Data,2005: 491-502.

[177] LEE M-J,CHUNG C-W. A user similarity calculation based on the location for social network services[C]//Proceedings of the 16th International Conference on Database Systems for Advanced Applications-Volume Part I. Hong Kong, China: Springer. 2011: 38-52.

[178] WU Z,PALMER M. Verbs semantics and lexical selection[C]//Proceedings of the 32nd Annual Meeting on Association for Computational Linguistics. New York,NY, USA: ACM. 1994: 133-138.

[179] JIANG Y, BAI W, ZHANG X, et al. Wikipedia-based information content and semantic similarity computation[J]. Information Processing & Management,2017,

53(1)：248-265.

[180]　张克亮,李芊芊.基于本体的语义相似度计算研究[J].郑州大学学报(理学版),2019,51(2)：52-59.

[181]　袁中臣,马宗民.基于语义和结构的 UML 类图的检索[J].东北大学学报(自然科学版),2020,41(1)：23-28.

[182]　HUSSAIN M J,WASTI S H,HUANG G,et al. An approach for measuring semantic similarity between Wikipedia concepts using multiple inheritances[J]. Information Processing & Management,2020,57(3)：102188.

[183]　LU H,GE G,LI Y,et al. Exploiting global semantic similarity biterms for short-text topic discovery[C]//Proceedings of the 30th International Conference on Tools with Artificial Intelligence. IEEE. 2018：975-982.

[184]　WU H,TOTI G,MORLEY K I,et al. SemEHR：A general-purpose semantic search system to surface semantic data from clinical notes for tailored care,trial recruitment and clinical research[J]. Journal of the American Medical Informatics Association,2018,25(5)：530-537.

[185]　寇菲菲,杜军平,石岩松,等.面向搜索的微博短文本语义建模方法[J].计算机学报,2020,43(5)：781-795.

[186]　何远德,黄奎峰.一种连续查询事件中基于语义的轨迹 k-匿名方法[J].计算机应用与软件,2019,36(8)：311-316.

[187]　PAN X,MA A,Zhang J,et al. Approximate similarity measurements on multi-attributes trajectories data[J]. IEEE Access,2019,7：10905-10915.

[188]　BERTON L,DE ANDRADE LOPES A,VEGA-OLIVEROS D A. A comparison of graph construction methods for semi-supervised learning[C]//Proceedings of the 2018 International Joint Conference on Neural Networks. IEEE. 2018：1-8.

[189]　WAGENSELLER P,WANG F,WU W. Size matters：A comparative analysis of community detection algorithms[J]. IEEE Transactions on Computational Social Systems,2018,5(4)：951-960.

[190]　RAGHAVAN U N,ALBERT R,KUMARA S. Near linear time algorithm to detect community structures in large-scale networks[J]. Physical Review E, 2007, 76(2)：036106.

[191]　ROSVALL M,BERGSTROM C T. Maps of random walks on complex networks reveal community structure[J]. Proceedings of the National Academy of Sciences of the United States of America,2008,105(4)：1118-1123.

[192]　BAKER F B,HUBERT L. Measuring the power of hierarchical cluster analysis[J]. Journal of the American Statistical Association,1975,70(349)：31-38.

[193]　GOODMAN L A,KRUSKAL W. Measures of association for cross classifications, IV：Simplification of asymptotic variances[J]. Journal of the American Statistical Association,1972,67(338)：415-421.

[194]　WANG X-F,XU Y. Fast clustering using adaptive density peak detection[J].

Statistical Methods in Medical Research,2017,26(6)：2800-2811.

[195] TELLAROLI P,BAZZI M,DONATO M,et al. Cross-clustering：A partial clustering algorithm with automatic estimation of the number of clusters[J]. PloS One,2016, 11(3)：e0152333.

[196] THOMEE B,SHAMMA D A,FRIEDLAND G,et al. The new data and new challenges in multimedia research[J]. Software Practice & Experience,2016,59：64-73.

[197] LIM K H,CHAN J,LECKIE C,et al. Towards next generation touring：Personalized group tours[C]//Proceedings of the 26th International Conference on Automated Planning and Scheduling. London,UK：AAAI. 2016：412-420.

[198] CLAUSET A,NEWMAN M E,MOORE C. Finding community structure in very large networks[J]. Physical Review E,2004,70(6)：066111.

[199] PONSP,LATAPY M. Computing communities in large networks using random walks[J]. Journal of Graph Algorithms and Applications,2006,10(2)：191-218.

[200] BLONDEL V D,GUILLAUME J L,LAMBIOTTE R,et al. Fast unfolding of communities in large networks[J]. Journal of Statistical Mechanics：Theory and Experiment,2008,2008(10)：P10008.

[201] NOGUEIRA T P,BRAGA R B,DE OLIVEIRA C T,et al. FrameSTEP：A framework for annotating semantic trajectories based on episodes[J]. Expert Systems with Applications,2018,92：533-545.

[202] 骆歆远,陈欣,寿黎但,等. 面向室内空间的语义轨迹提取框架[J]. 清华大学学报（自然科学版）,2019,59(3)：186-193.

[203] 何云,李彤,王炜,等. 一种面向软件特征定位问题的语义相似度集成方法[J]. 计算机研究与发展,2019,56(2)：394-409.